河出文庫

20世紀ファッション

時代をつくった10人

成実弘至

kawade bunko

河出書房新社

20世紀ファッション――時代をつくった10人　目次

20世紀ファッション——時代をつくった10人

はじめに

あなたはいまなにを身につけているのだろうか。着なれたTシャツやジーンズ、それとも買ったばかりのドレスだろうか。カジュアルなジャージー姿でくつろいでいたり、ぱりっとスーツを着ている人もいるだろう。クローゼットには最新のブランドが並んでいるのかもしれないし、トレンドにこだわらず好きなものを買う人なのかもしれない。

私たちの周りにはファッションが当たり前のように浸透している。しかし、ファッションがいつ、どこで生まれたのか、だれがつくったのか、どんな経緯で現在ここにあるのかと問われて、その由来をはっきり答えられる人は少ないはずだ。

本書の目的は、二〇世紀ファッションがどのようにして発展してきたのか、身体や社会とどうかかわってきたのかをたどることで、その創造性にあらためて注目することにある。

「もの」にはその時代の社会の状況や人々の価値観が反映されている。ファッションもまた同じである。アメリカのファッションデザイナー、クレア・マッカーデルはデザインを「問題を解決すること」にたとえている。ファッションを見ることはその背後にある「思想」を解読するスリリングな作業なのである。

ここではとくにファッションデザイナーたちが現実とどう格闘しながら服をつくって

きたのか、その現場に踏み込んでみたい。二〇世紀を代表する一〇人を選び、その生涯と仕事から、それぞれどんな問題と直面し、どうファッションの地平を切り開いてきたかを見てみよう。そうすることで、今日の目からは当たり前に見えるファッションが当時いかに斬新で、社会に挑戦する試みであったか、より実感できるからだ。

本書で選んだワース、ポワレ、シャネル、スキャパレッリ、マッカーデル、ディオール、クアント、ウエストウッド、コム・デ・ギャルソン、マルジェラの一〇人は、二〇世紀ファッションの可能性を大きく広げてきたデザイナーたちである。ここにサンローラン、アルマーニ、ラガーフェルドなどの重要な人物が入っていないのに疑問を持つ人もいるかもしれないが、デザインの創造性と社会変革への意思という観点から判断した結果となっている。

デザイナーを取りあげた本は少なくないが、その仕事を正しく論じているものはそれほど多くない。これまで服飾の本はポワレがコルセットから女性を解放した、シャネルが服装に革命を起こした、ディオールが上流社会の優雅な世界を復活させた、クレージュがミニスカートを本当に発明したなど、安易に書かれてきたように思われる。二一世紀に入って一定の年月が経過したいま、二〇世紀ファッションの到達点をあらためて吟味する時期が来ている。

本書で私が重視したのは、ファッションを社会的なプロセスとしてとらえることである。そもそもファッションとは社会のなかで生まれるものであり、そこには作り手だけでなく、消費者、ジャーナリスト、生産流通などさまざまな人々がかかわっている。服づくり自体もデザイン以外にテキスタイル、パターン（型紙）、縫製など共同作業によってつくりだされる。ファッションは美術や文学などとは違ってひとりの作家だけが創造していく領域ではないのだ。

重要なことは、デザイナーがなにをつくったかということに加えて、実際にどんな人々や階層がそれを受容したのか、その消費のプロセスなのである。それを確かめるだけで身体の解放や服装の革命などという議論がいかに空虚なものかがわかるだろう。

もうひとつ重視したことはファッションデザインを同時代のデザインや芸術との関係性のなかで見ることである。たしかにファッションは産業であり、ビジネスと切り離すことはできないが、時代の先端を切り開く創造でもある。ファッションは芸術やデザインと交流することから多くを受けとってきたのだ。

ファッションは二〇世紀において社会に広く普及した現象である。そのためファッションについて知ることは二〇世紀という時代がどんな時代だったのか、そして現在がどんな時代なのかよりよく理解することにつながるだろう。それが本書の最終的な目標である。

本書の用語の使い分けについて簡単に定義しておこう。ファッションおよび服飾という言葉は流行、短期間に変化することを前提とした服をさし、ほぼ同じ意味である。モードはパリにかかわりのあるときのみ使用する（パリモードなど）。服や衣服は流行のあるなしにかかわらず服全般、衣料は流行に関係ない下着や作業着など、既製服は一般大衆のために量産される服のこと。服飾産業、衣服産業、既製服産業はそれに準ずるが、ファッション業界というときはジャーナリズムや広告などのイメージを発信する業界も含めている。オートクチュールはパリの高級注文服業界でつくられる服、プレタポルテはそれに派生する自社生産の高級既製服。衣装は民族衣装や舞台衣装のようにどちらかといえば日常的でない場合の服をさしている。

第1章　チャールズ・ワース　ファッションデザイナー誕生

オートクチュールとジーンズ

二〇世紀ファッションはいつ、どのようにして始まったのだろうか。

ひとつの時代はカレンダーをめくる音とともに幕を開けたり下ろしたりするものではない。二〇世紀ファッションもその始まりを知るためには少し流れをさかのぼることが必要となる。

まずはじめにふたりの先駆者の名前をあげておこう。彼らは同じ時代に新しい服づくりに取り組んだが、目指していた方向はまったく別世界であった。おそらく両者は一度も面識がなかっただろうし、ことによるとお互いの存在にさえ気づいていなかったかもしれない。にもかかわらず、彼らがなし遂げたことは服飾の歴史を大きく転換させていくことになるのだ。

そのふたりとはチャールズ・ワースとリーヴァイ・ストラウス。ワースは一八二五年イギリスに生まれ、ロンドンの布地屋で修行した後、四五年にパリに渡り、そこで伝説的なファッションハウスを築き上げた。それはオートクチュールと呼ばれるハイファッションの端緒を開くものとなる。現在、私たちのまわりに氾濫するファッションブランドはその伝統を受け継ぐものである。

一方のストラウスは一八二九年ドイツのバヴァリアに生まれ、四七年に渡米している。行商人としてアメリカ中を旅しながらサンフランシスコに流れつき、労働者のための衣料品生産を開始する。彼の会社が手がけた丈夫なワークパンツはやがてリーヴァイス・ジーンズとして世界中に知られることになる。当初は激しい労働に耐えるための作業着であったジーンズは、いまや日常着やおしゃれ着として人々のからだを包んでいる。

ハイファッション（高級服）とマスファッション（大衆服）というふたつの世界はかつて遠く離れていたが、いまや限りなく接近し、ほとんど一体となっている。二〇世紀ファッションの流れを見ると、異質な人々や文化が出会い、混合し、統一されていく様子がわかる。チャールズ・ワースとリーヴァイ・ストラウスがふたりとも新天地を求めて国境を越えた移民であったことはけっして偶然ではない。二〇世紀のほかの芸術や文化と同じく、ファッションデザインもまた異種混交を繰り返してきたのである。

オートクチュールとジーンズはいずれも一八五〇年代に産声をあげ、一八七〇年代にひとつの完成をむかえる。両者が同じ時代に成長したのはたんなる偶然ではなく、これらの時代が現在と地続きでつながっているからである。ストラウスについてはのちに譲ることにして、本章ではワースに焦点をあてて見ていきたい。彼の活躍した一九世紀後半とはどのような時代だったのか、そして彼はなにをつくりだしたのか。そこに二〇世紀ファッションの原点を探ってみよう。

イギリスから来た男

ワースはオートクチュールというハイファッションの領域を立ち上げることで、ファッションデザイナーの先駆的存在となった。ここでは彼のキャリアをたどりながら、黎《れい》明《めい》期の状況をつまびらかにしていく。

チャールズ・フレデリック・ワース（フランス語読みするとシャルル・フレデリック・ウォルト。本書では英語表記に統一する）は、一八二五年イギリス・リンカンシャー州の小さな町ボーンに生まれた。弁護士の家系で、父親もやはり弁護士だったが酒飲みで借金を抱えて三六年に破産、一家離散の憂き目にあう。一一歳で働かなければならなくなったチャールズはまず印刷屋に勤めに出たがすぐに辞め、三八年ファッションを志してロンドンの布地屋スワン・アンド・エドガーに徒弟奉公することになった。

当時はまだドレスは仕立てるものであった。イギリスではその手順はこうである。女性はまず布地屋や小間物屋に出かけて服地や装飾品（リボンやレースなど）を買い集め、それを別の場所のドレスメーカー（milliner）へと持っていく。ドレスメーカーはデザインを考え、顧客のからだを採寸したうえで、縫製はお針子に下請けに出す。顧客は仕上がった服をドレスメーカーのところに取りにいく。一着のドレスをつくるために、多くの商人・職人がかかわり、客は複数の店へとおもむかねばならなかった。こうした生産の分業は、中世以来のギルド制度による厳格な職掌分離の名残によるものだ(1)。ワースは最初からドレスをつくりたかったが、このころ女性のからだに触れるドレスメーカーの仕事は男性がおいそれとは近づけない領域だった。一方、布地を販売する仕事ではむしろ男性が求められたのである。布地屋では最新のスタイルをまとった男性店員が接客を担当し、洗練された態度で顧客にあれやこれやの生地を勧めることになっていた(2)。彼らの接待を受けて優雅に生地を選ぶのは女性たちの大きな楽しみだったのだ。

ワースは布地屋で徒弟奉公しながら、テキスタイルの知識を学び、女性の個性や特徴に適した素材を選ぶ訓練を積んでいった。やがて一人前の店員となった彼は、一八四五年、王室御用達の絹物商ルイス・アンド・アレンビーへと転職する。

ロンドンでの青春時代、チャールズは教養を高めるために独学に励み、文学や絵画に親しんでいる。休日には画廊やトラファルガー広場にできたばかりのナショナル・ギャラリーなどを訪れ、展示されている絵画を鑑賞し、色彩感覚、芸術様式、多様な主題などを学びとった。とくに肖像画を好み、描かれている過去の時代のドレスを観察することで、服飾のスタイルについて多くを理解したのである。それは絵画そのものを純粋に愛好するというより、布地屋の職業的な関心に駆られたものだった。この経験は後にパリでデザインにかかわるようになってから大いに役立った。

英国はヨーロッパ諸国に先がけて産業革命を経験したおかげで、いち早く工業化や都市化を遂げていた。またロンドンは優れたテーラードによる高級紳士服の分野では一頭地を抜いていたが、高級婦人服の分野ではパリの後塵を拝していた。おそらくそのためだろう、ワースはパリでさらに婦人服の世界を追求しようと決意する。資金はおろかフランス語も話せなかったが、家政婦をしていた母に借金までして渡仏している。彼が苦労してことばを習得し、高級絹物商ガジュランに職を得たのは二年後の四七年のことであった。

ワースがようやく新天地で働きはじめたころ、パリは激動していた。四八年に二月革命が勃発して国王ルイ・フィリップは亡命、ナポレオン・ボナパルトの甥ルイ・ナポレオンが共和国大統領に選出された。その後ルイ・ナポレオンはクーデタを起こし、五二年にナポレオン三世を称して皇帝となり、第二帝政を布告する。第二帝政の成立はファッションの世界への追い風となり、若きワースは知るよしもなかっただろうが、彼の運命にも大きな転機をもたらすことになるのであった。

ワースはガジュランで、ひとりの売り子と親しくなった。その女性は後に妻となるマリー・ヴェルネ。ワースは彼女のためにドレスをデザインしはじめる。やがてマリーがまとうシンプルなドレスは顧客たちの目にとまり、同じものを要望する声が高まっていく。ガジュランで完成したドレスを買うことができれば、買い物の手間はずいぶんと軽減される。それに気づいたワースは経営陣にドレスの制作・販売ビジネスへの参入を提案することにした。

しかし経営陣の反応は冷淡だった。格式ある高級布地屋がドレスメーカーの真似事《まねごと》をすることはない、というのが彼らの判断だったのである。工業化による量産品がそろそろ出まわってきたとはいえ、布地はまだまだ高級品である。ドレスのなかでもっとも高価なものは布地であり、服飾の価値はなによりテキスタイルにあった。それに一九世紀半ばにはデザインという考え方もまだ認められていなかった。簡単にいえばガジュランはドレスメーカーを見下していたのだ。とはいうものの顧客の希望を無視するわけにもいかず、かろうじて小さなドレス部門の設立が認められたのであった。

この時代は小規模店舗の「流行品店（マガザン・ド・ヌヴォテ）」がより近代的な大型小売店「百貨店（グラン・マガザン）」へととって代わられていく近代消費社会の誕生期にあたる。高級布地屋もまたこうした流れとは無縁ではいられなかったということだろう。

ワースはほかのドレスメーカーにくらべてふたつの点に優れていた。ひとつは布地屋で働いてきた経験からテキスタイルの知識が豊かで、しかもガジュランの豊富な在庫を自由に使うことができたこと。もうひとつは巧みなテーラードによるからだへのフィット感である。男性であるワースは英国紳士服の世界に親しんでおり、からだに合った服づくりの重要性に気づいていたのだ[3]（図1）。

ワースのデザインが高く評価されるきっかけは、この時期から盛んとなった万国博覧会である。一八五一年、鉄とガラスによるハイテク建築クリスタル・パレスをメイン会場としたロンドン万博が開催され、ガジュラン（同年オピゲ・エ・シャゼルへと店名を変更していたが）も出品し、布地とともにワースのドレスが展示された。同店は金賞を授与され、イギリスにパリモードの威信を見せつけたのであった。ロンドン万博と競うために行われた五五年のパリ万博でも、ワースのドレスは注目された。ワースは金糸の刺繡《ししゅう》の入ったシルクの引き裾を肩から後ろへ垂らすデザインによってテキスタイルの壮麗さを表現し、国際審査により第一席を獲得する。このころ引き裾は腰から垂らすのが普通だったが、ワースはそれを肩の高さに上げて布地の美しさを効果的に引きだすことに成功した。このデザインは過去の肖像画からアイデアを得たものである。これらのドレスがイギリス人によってつくられていたのはなんとも皮肉なことであった。

博覧会のメダルはガジュラン店に渡され、ワース自身の名誉にはならなかった。自信

上・図1
ガジュラン時代のワースがつくったドレス
下・図2
第二帝政時代のファッションリーダー、ウージェニー皇妃と宮廷の侍女たち

をつけたワースは店での待遇に不満を抱き、同僚のオットー・ボベルクとともに独立することにする。ボベルクはスウェーデン出身、美術学校で絵を学びイギリスで働いた経験もあったので、ワースとは気があったのだろう。五八年、彼らはパリのラペ通り七番地に店舗ワース・エ・ボベルクを構えた。当初はドレスのネームタグにもこの店名が入れられている。こうしてワースは念願であったドレスメーカー（フランス語でいうクチュリエ）として世に出ることができたのである。

帝国のドレスメーカー

新進ドレスメーカーがやるべきことはまず有力顧客の開拓である。ワースとボベルクは新しい文化や芸術を好みファッションリーダーでもあるポーリーヌ・フォン・メッテルニッヒ公爵夫人にマリーを派遣し、ドレスの受注を願いでた（マリーはワースのミューズであり、一八六〇年代半ばまで店のマヌカン〈店舗専属のファッションモデル〉として勤めている）。

ポーリーヌはイギリス人、しかも男性のドレスメーカーということで最初は躊躇《ちゅうちょ》するが、ボベルクの描いたスケッチブックを見るうちに考えが変わり、ドレスを二着注文することにした。ワースは夫人のためにピンクのひなげしの装飾をほどこし、銀のスパンコールをちりばめた白いドレスを完成。これを気に入ったポーリーヌはチュイルリー宮での舞踏会に着ていったのである。

舞踏会でこの優雅な衣装に目をとめたのがナポレオン三世妃ウージェニーであった。第二帝政においては宮廷でのパーティが頻繁に開かれたが、流行に敏感で美しいウージェニーはもちろんそのファッションの中心人物である。翌朝さっそく宮殿に招喚されたワースに、試しにイブニングドレスを一着つくるようにとの命が下される。スタイルと素材は自由に決めてよいという。これがうまくいけば成功は約束されるが、もし皇妃のお気に召さなければ一流店として浮上することはむつかしくなる。ワースはこの勝負に賭けて、リヨンのシルクをふんだんに使ったドレスを制作した。

しかし宮殿に参内したワースが示したブロケード織りのシルクをウージェニーは「じゅうたんみたい」と一蹴してしまう。たしかにブロケードはカーテンやインテリアに使われていた素材であった。そこでワースは同席していたナポレオン三世に直訴する作戦に打ってでる。絹織物産業の都市リヨンは第二帝政の政策に反発していたが、このドレスを着ることで彼らを喜ばせるジェスチャーとなる、というわけだ。ずいぶん強引な議論にも聞こえるが、ナポレオン三世はヘンリー・クリードという英国人テーラーを重用していたこともありこのドレスメーカーに関心をいだいた(4)。

近くリヨン訪問を予定していた皇帝は、皇妃にワースのドレスを着るように命じる。宮廷での華やかなコスチュームは、流行や虚栄のためだけでなく、政治の駆け引きのためにも大切な道具なのである。考えてみると、ルイ・ナポレオンは若い頃に軍事クーデタに失敗してイギリスに亡命したことがあり、のちに皇帝失脚後もかの地で生涯を終えるのだから、縁があったということだろう。

一着目のドレスは気に入らなかったが、ウージェニーはすぐにワースの才能を認め、全面的に信頼するようになった。こうしてワースは勝負に勝ち、皇室御用達のドレスメーカーの地位を手に入れたのである。

男性が女性のからだに接するドレスメーカーになるのは異例なことで（同時代でもジャック・ドゥーセなどいることはいるが）、道徳的にはタブーと見なされていた。ワースが皇室のドレスメーカーになると、バッシングや風刺の的となり、ときに店が売春宿であるかのような悪意ある風評が流された。だが皇帝の権威には逆らえない。一八六〇年ウージェニー皇妃の公認ドレスメーカーになると、ヨーロッパとアメリカでの評価は一気に高まり、やがて注文が殺到することになる。

第二帝政は「帝国の祭典」といわれるほど、宴会が数多く開催された時代である⑸。ナポレオン三世は稀代《きたい》の宴会好きで、宮殿では四六時中パーティが開かれていた。祝祭はフランス帝国の威信を他国や臣民に示すことが目的のひとつだが、結果的にファッション産業の振興に及ぼした影響は大きく、オートクチュールの育成に大きく貢献したのであった。

ウージェニーのワードローブは数名のドレスメーカーが仕立てていたが、ワースが手がけたのはグランドトワレ、つまり公式の夜会服、宮廷ドレス、高級街着、仮装舞踏会の衣装などである。そのほかの出入り商人として普段着を担当したマダム・ラフィエール、マントや外套《がいとう》のフェリシエ、帽子のマダム・ヴィロとマダム・ルベル、乗馬服のヘンリー・クリードがいた。すなわち、ワースは皇后にとってもっとも重要なドレスにかかわったのであり、第二帝政のいわば顔となる衣装をまかされていたことになる（図2）。

ウージェニーは同じドレスに二度袖を通すことはなかった。レディたるもの同じドレスを着て夜会に現れてはならなかったのだ。彼女は年に二回ワードローブを一掃して、衣装を侍女たちに払い下げている（侍女たちは自分たちで着るもの以外は転売し、貴重な臨時収入を得た）。そのためワースはチュイルリー宮に日参することになった。

宮廷では毎年一月から四旬節までの約三ヶ月の間に、四つの公式大舞踏会がおこなわれるのが慣例となっていて、毎回四〇〇〇〜五〇〇〇人のゲストが招かれた。そのうち女性は二〇〇〇〜二五〇〇人。さらに毎月曜日には皇妃主催のより親密なパーティがあり、こちらは約四〇〇人が呼ばれている(6)。

こうした機会ごとにウージェニーや取り巻きの女性たち、招待客たちはワースをまとっていたのだから、憧れをかき立てられた富裕層の女性たちがワース・エ・ボベルクというブランドを求めるようになるのも自然なことだった。宮廷ではワースのドレスを着ることはほとんど決まり事のようになっていく。招待客の全員が店におしよせたわけではないだろうが、その一部だけでも注文は膨大なものになっただろう。しかも宴会は宮廷だけでなく、大臣、外交官、将軍、知事、社交界人士たちによっても主催された。ある見積りによれば、一八六四年の一月～三月ごろの間にパリでは一三〇の舞踏会が開かれたという(7)。

ワースの顧客はヨーロッパの王侯・貴族からブルジョワジー、さらにはアメリカの富裕層へと広がっていった。ビジネスは順調に拡大し、一八七〇年、ワースとボベルクの店は一二〇〇人もの従業員を抱えるまでに成長する。通常のドレスメーカーの被雇用者数が四〇人程度というから、当時としてはいかに破格の規模だったかが推測できよう(8)。ボベルクは経営面を担当し、クリエイティブ面はワースにまかされた。彼は宴会用ドレスだけでなく、普段着、乗馬服、舞台衣装などの服飾全般を手がけるようになり、テキスタイルデザイン、さらには男性服もつくっている。一人でデザインするにはあまりに膨大な量なので、アシスタントが数名いたと思われる(記録が残っていないのではっきりとはしない)。また外部からデザインを購入することもあった。

ところが、順調に拡大していたビジネスに激震が襲った。第二帝政が崩壊したのだ。一八七〇年、プロイセンとの戦争に敗北した皇帝は捕虜となり、ウージェニーもイギリスへと亡命する羽目になる。パトロンを失ったばかりか、はてしなく繰り広げられた宴会の幕も引かれてしまった。皇室御用達店の看板は、ふがいない皇帝への怒りに燃えた民衆によって引きはがされてしまう。万事窮したワースは新作の発表を中止せざるをえなくなる。そのうえボベルクは店の将来に悲観的となって共同経営権を手放してしまった。彼は多額の売却益を得てスウェーデンに帰国し、残りの人生を画家として全うすることになる。

チャールズ・ワースは生涯英国国籍を手放すことはなかったが、妻子はフランス生まれだし、多数の従業員もいる。七一年、ワースはビジネスを再開した。彼にはパリでファッションの仕事を続けるしかなかったのである。

オートクチュールとはなにか

ほどなくしてビジネスは順調に回復していく。ナポレオン三世が失脚しても富裕層がすべていなくなったわけではない。ヨーロッパ中の貴族やブルジョワジー、アメリカの新興成金はこれまで通りワースのドレスを必要としていた。ヨーロッパの宮廷の多くは顧客であり（そのなかにはオーストリア皇妃エカテリーナ、ロシア皇妃アレクサンドラなど悲劇的な運命をたどる女王たちも含まれていた）、文明開化期の日本の皇室も海を越えてドレスを注文してきたほどである。明治天皇はその仕上がりに満足したという(9)。なかでも熱烈な購買者はアメリカからやってきた。アメリカは一九世紀に農業、鉄鋼、鉄道、金融などの産業が著しい発展を遂げて、新興国として急成長していく。その富裕層はヨーロッパの貴族と親戚関係を結び、年に二度パリでドレスを仕立てることをステイタスと考えていた。蒸気機関車や蒸気船などの交通手段の発達によって地理的な距離が短縮されたこと、そのうえワースの店では英語が通じたことも人気の要因だった。

逆説的なことだが、宮廷という後ろ盾を失うことで、ワースははじめて自分がパリモードの世界に君臨していることを知ったのである。これまでファッションは宮廷に承認されることではじめてファッションたりえていた。王侯貴族は政治経済の権力だけでなく、知性や感性に優《まさ》ることでも権威を示さねばならない。それまでは彼らこそが服飾の美学と流行を支配していたのであった。過去にもマリー・アントワネットのモード商人ローズ・ベルタン、ナポレオン皇帝の仕立屋ルロイなど、宮廷の流行を主導してきた平民はいた。しかし彼らはむしろ出入りの商人・職人として主人に仕えていたにすぎない。そこには厳然とした主従関係があったのである。

貴族たちに代わり社会の支配層となったブルジョワジーなど新興富裕層は宮廷の生活に憧れを抱き、その残像を求めた。いまや彼らのほうがモードのカリスマの前に進み出て、その承認を得ようとする。なにを着るべきか、なにがエレガントか、なにが流行なのか、決定権を握っているのはワースである。ドレスの美しさを保証するのは着る側から作る側へと移った。流行の行方を主体的に決定する存在、ワースが確立したのはそういう立場であり、ここにドレスメーカーからファッションデザイナーへの跳躍を見ることができる。

ワースの地位を堅固にしたのが「オートクチュール」というシステムだ。オートクチュールの意義はただ華麗なドレスをつくることにあるのではない。その新しさはデザイナーがあらかじめ複数の「モデル（=商品見本）」を用意し、そのなかから顧客に選択させ（あるいはデザイナーが顧客のために選び）、そのサイズにあわせて制作するというシステムにあった。ワースはテキスタイルの選定（ときとして制作にもかかわる）、ドレスのデザイン、仕上がりまでの服づくりの全体を監督する立場につく。それまで客はワースの店におもむき、マヌカンがまとうモデルを見てドレスを注文する。これに対してドレスメーカーは顧客の意向を聞いて服を組みたてる「技術者」だった。これに対して、ワースは服飾をとおして自分の美学を表現する「創造者」となったのである。

このシステムはファッションの主導権を着る人ではなく作り手に担保する。もちろん最初はワースにも万国博覧会での受賞や宮廷・貴族の引き立てという権威（＝カリスマ）が必要であった。ウージェニー皇妃やメッテルニッヒ公爵夫人ら有力者に引き立てられることなしには、ワースの成功はなかっただろう。しかし、いまやワース自身が権威なのだ。オートクチュールは服飾に作家（＝デザイナー）という特権的な立場をつくりあげたのである。

それはまたハイファッション近代化への一歩でもあった。モデルを提示するということは、素材、デザイン、パターンが前もって決定されていることでもある。つまり材料、完成図、設計図がそろっているわけで、あとはからだのサイズさえわかればいい。これにより多くの服をつくること、そして生産時間を短縮することが可能となった。ワースは服づくりの効率化によって、大量の注文をさばいたのである。また一九世紀の発明品ミシンを導入することで、二四時間でドレスを仕上げる体制を整えており、急ぎの注文にも迅速に対応できた。一二〇〇人もの従業員を雇用したのもそのためである。ワースは既製服の生産システムを高級服飾へと応用したのであった。

しかしパーティに同じドレスが何人も現れると興ざめである。オートクチュールのドレスは、着る側にしてみれば既製服であってはならないのだ。こうしたアクシデントを未然に防ぐために、ワースは独自のファイリング・システムを考案して顧客データを管理した。それによって舞踏会に何着も同じドレスが登場しないよう、だれになにをつくったのか情報を把握したのである。(10)

もっともハイファッションは写真や映画やレコードのようにオリジナルを機械的に複製できる製品ではない。オートクチュールのドレスは高価な素材や高度な技術が使われ、仮縫いを繰り返してからだにフィットさせるなど、時間と金に余裕のある一部顧客のためのものであった。それはやはり稀少性が重視される商品である。そう考えると、オートクチュールとは量産品と工芸品とのあいだに位置するものだといえる。

また顧客は直接パリに出向かなくても最新モードを注文できるようになった。からだのデータさえ登録しておけば、後はスケッチや印刷物でモデルを指定するだけで自分サイズの服がつくられる。ワースがヨーロッパ中、ひいては海を越えてアメリカの富裕層を多く惹きつけたのも、このシステムによるところが大きかった。電報という最新情報テクノロジーが遠距離注文に大いに活躍することになる。

年二回のモデル発表はファッションの生産と消費にひとつのサイクルを与えていく。

この当時すでに都市の百貨店ではバーゲンセールがはじまっていた。機械化による大量生産によってすでにモノ余り現象が生じていたのである。服や布地は必需品ではなく、短期間に消費されるファッションになろうとしていた。定期的なモデル発表は流行の速度に影響していったのである。

ワースのデザインは顧客以外の女性にも広がっていった。とくにアメリカの百貨店や小売店はワースから「モデル」を購入して服をつくり、多くの人々に販売していたのである。[11] その方法としては許可を得てモデルの現物を複製するやり方、パターン（型紙）から複製するやり方などさまざまであった（図3）。たとえばロード&テイラーのようなアメリカの百貨店はワースの輸出用モデルを購入して生産している（モデルやパターンの販売からライセンス料や著作権料をどう徴収したのかはわかっていないが、利益は還流されたろう）。また許可なくコピーするドレスメーカーも多かった（一部の縁のあるドレスメーカーがコピーするのは黙認されていた）。またファッション雑誌も作品の

上・図3
ニューヨークのロード&テイラー百貨店のための輸出用モデル
下・図4
肩から布地を垂らすことで豪華さを演出する。1868年

イラストを掲載したので、そこから複製されることもあった。この当時からコピー商品は横行しており、ワースも作品が無断盗用されるのを嫌って、雑誌にイラストを出さなかったという。

ワースは伝統的・職人的な工芸品（クラフト）と近代的・工業的な量産品（プロダクト）との橋渡しをした。ある意味で、オートクチュールは芸術と産業を融合する試みだったのである。一九世紀後半はウィリアム・モリスのアーツ・アンド・クラフツやウィーン分離派のような生活と芸術の一体化を掲げたモダンデザイン運動がおこっているが、オートクチュールはファッションの分野でこの目標を追求していたのである（もちろん貴族やブルジョワのために服づくりをしていたワースとデザインの普及による社会変革を目指したモリスとでは同列に語れないところも多い[12]）。

装飾芸術としてのファッション

ワースはデザイナーとして芸術をよく研究した。

彼は創作のアイデアを絵画、とりわけ肖像画から得ていた。一八五五年のパリ万博で引き裾の位置を肩の高さへ上げたドレスを発表して話題となるが、これはナポレオン一世の時代の肖像画に触発されたものだ（図4）。彼は美術館に通ったり絵画を収集するなどして過去の衣装を研究し、そのディテールを応用することで自分のデザインにしていく。「美術史と服飾史は現代のドレスデザインがよって立つべきふたつの基盤であり、そこからドレスは強さを引きだすべきである。ワースは大いに独学に励み、芸術家たちとその様式に精通し、いまやドレスの趣味にかかわるすべてに意見をいうことができた」(13)。

ときとして大胆なデザインも過去の肖像画や芸術作品によるものならば、モラルの厳しい一九世紀でも大目に見られたこともあったのだろう。彼は歴史をそのまま再現するのではなく、現在の生活様式に適するものにつくりかえた。また、同時代の肖像画家たちからも協力を依頼され、衣装を提供するなどコラボレーションにも取り組んでいる。

芸術への関心は審美主義に抱いた共感にもうかがえる。ウィリアム・モリスやラファエル前派のダンテ・ガブリエル・ロセッティらは、思想家ジョン・ラスキンの「自然をありのままに」という主張にしたがい、からだを締めつけるコルセットに反対しゆるやかなガウン「審美主義ドレス aesthetic dress」をつくった。これは当時の芸術好きの女性たちから支持されたもので、コルセット全盛のファッションの主流とは正反対だったが、ワースはこのドレスのディテールをデザインに取り入れている。一八九一年に発表したティーガウン（家でのくつろぎ着）には審美主義ドレスからの影響が見られる(14)。

一九世紀後半の主流ファッションは、コルセットで上半身を締め、クリノリンないしバッスルで下半身をふくらませるスタイルである。これは豊かなバストとヒップ、そしてくびれた腰、いわゆる「砂時計形」の体型を理想としたものだ。腰は細いほどよいとされ、健康や骨格が損なわれるほど締め上げる者も出たので、女性や医者がコルセット反対運動を展開したくらいである。コルセットとクリノリンはいかに女性たちが束縛されて抑圧されていたかを象徴するものとしていまなお悪名高い。

こうした補整具に加えて、上に着るドレスにも「おびただしい量の付属物、つまりレースの襞《ひだ》飾り、リボンの玉結び、チュール織りのラッフル、花づな、ビロードの襞飾り、装飾的な縁かがり、花結びの房、宝石、葉、あるいは花などを全てつけるための下地として三十メートル以上もの布が必要であった」[15]。女性の身体は上下の量塊へと分割されたうえで、豪華な布地や過剰な装飾を誇示するための台座でしかなかったのだ。

ワースはこのスタイルに正面から反対したのではなく、新しい工夫を加えることでゆるやかに改良していった。彼の顧客たちは夜会のための豪華なドレスを必要とするような人種だったのだから、急激な改革は受け入れられなかっただろう。

その改良とは装飾や構造を簡素化・合理化することである。彼は布地についての豊富な知識にもとづき、またテーラードの紳士服の縫製方法を応用して、ドレスをシンプルなものに変えていった。

ワースは一八六〇年代にクリノリンの改良を手がけている。クリノリンは一八五八年にウージェニー皇妃によって身につけられて以来、六〇年代にブームとなっていた。その最盛期には直径三メートルに達するものさえ登場したという。しかしこれでは動くこともままならない。そこでワースはフラットクリノリンを考案する。クリノリンはからだに円錐状のワイヤーをとりつけるものだが、円周が大きくなるとどうしても手足をさばきにくい。そのためワースは前面をフラットにしたクリノリンを考案するのである。このアイデアは最初は嘲笑を浴びたものの、六四年には宮廷でも取り入れられていく。前をフラットにすることで腕や足は動かしやすくなり、スカートは後方へと広がることになる（図５）。

ワースはこれをさらに追求して、ついにはクリノリンそのものを破棄した。彼はフラットクリノリンによりスカートの装飾が後方に移ったことから、バロック時代の服装を研究して臀部《でんぶ》の補整具（「キュル・ド・クリン」）をヒントに、現代風にアレンジすることを思いつく。こうしてクリノリンにかわりバッスルがスカートを支える構造体として注目されることになった。バッスルもまた補整機能をもつ下着だが、より自由な動きができるところが利点である。

このようなデザインは女性を束縛から解放しようとする意図よりも、創作上の工夫からなされたものだ。もちろん動きを自由にすることも目的だったにちがいないが、それ

上・図5
ウォーキングドレス。1885年頃
下・図6
デイドレス。1888年頃。より機能的に変化する

は伝統的な女性の美しさの延長線上でなければならなかった（図6）。

絵画を参照するワースの方法論は一九世紀ヨーロッパの「芸術」状況と関連している。西欧の伝統では絵画、彫刻、建築などを「大芸術」、工芸、装飾芸術などを「小芸術」として区別し、前者の後者への優位が主張されていた。ところが一八～一九世紀になると芸術は広く市民へと開かれ、芸術と産業を統合する新しい産業芸術の必要性がうたわれるようになる。万国博覧会も最新技術や工芸を展示することで国民を啓蒙し、産業振興をはかることを目的とするイベントであり、この時代には芸術の商業的な活用が国家的な戦略となっていた。機械による大量生産に積極的に取り組んだイギリスに対して、フランスではよき趣味と手仕事を重視する「装飾芸術」の分野を確立することへ向かった。装飾芸術は産業デザインではなく芸術のひとつの分野となることを目指し、それゆえに過去の芸術の主題や様式を参照し反復するような旧守的な傾向を帯びていく⒃。ワースの歴史重視はフランスにおける装飾芸術のあり方と強く結びついていたのである。

芸術への接近はワースの肖像写真の変化にもうかがえる。一八五八年ガジュランから独立したころと晩年の九二年に撮影されたポートレイトをくらべてみると面白い⒄。五八年の写真ではワースはスーツを着こなし、有能な若手経営者のような風貌である。一方、ナダールによって撮られた九二年のワースはベレー帽をかぶってビロードのマントをはおり、胸元にはスカーフを巻いて、ゆったりと腰かけている。その「レンブラントの肖像画」のような雰囲気にはいかにも芸術家らしい威厳が演出されていた（図7）。

また彼は芸術作品を熱心に収集している。一八六〇年代後半、ワースはパリ近郊シュレーヌに城のような別宅を構え、その内部を豪華に装飾し、収集品であふれさせた。邸宅をよく訪れていたメッテルニッヒ公爵夫人はこう述懐した。「ワースはファッションのすべてに趣味がよいのに、それ以外についての趣味はよくなかったと思います。建物のあちらこちらを増築したり、あずまややシャレーを建てたり、膨れあがったシュレーヌの邸宅などは混沌の館といったありさま、その場所はあまりにも窮屈で、すべてがぶつかり合っていました(18)」。八一年に当地を訪れた作家・美術評論家のエドモン・ド・ゴンクールも、壁面に絵画が秩序なく掲げられ調度品がくどいほど装飾されている様子を見て、げんなりしたという。このような芸術収集熱や室内装飾欲は、この時代のブルジョワジーによく見られた傾向であった。

上・図7
レンブラントの肖像画のように芸術家を気取るワース。1892年
下・図8
1880年頃の百貨店「ル・プランタン」店内。消費社会の殿堂

一九世紀から二〇世紀へ

ワースが活動した一九世紀後半は、宮廷社会から大衆社会へと消費のあり方が転換していく時期にあたる。

パリの服飾産業の基礎は一七世紀にルイ一四世と宰相コルベールが築いたといわれている。[19] 彼らは高級服飾生産を国家的な産業として育成するために、イタリアをはじめ各国から技術と職人を導入してパリに集積させた。そしてヴェルサイユ宮殿を舞台とした宮廷では豪華な宴会をもよおして、贅沢なドレスの需要を喚起したのである。ルイ一四世の思惑は見事にあたって、フランスの宮廷はヨーロッパに冠たるモードの発信地となった。

ナポレオン三世はウージェニー妃とともにこのフランスの流行発信性を復活しようとした。彼はナポレオンという英雄の甥であることを強みに皇帝へと登りつめた策略家であり、大衆のイメージ操作に長けていた。パリの華やかな祝祭とモードの世界は国民を眩惑《げんわく》したのである。皇帝という権威のもとにオートクチュールは卓越性を付与されることになる。

その一方、現代につながる大衆消費社会も立ちあがろうとしていた。

産業革命以来の大量生産が本格化し、つくられた商品を販売するためのパッサージュや百貨店などの近代的な消費空間が出現することで、より多くの人々がファッションにアクセスできるようになった。とりわけ百貨店は壮麗な建築、美しいディスプレイや商品陳列、定価販売、分割払いや信用貸し、バーゲン、託児施設、文化催事などにより、ショッピングを市民の娯楽へと開放し、消費への欲望をかきたてていた[20]（図8）。それまで貴族がみずからの卓越性を示すためにまとっていたファッションは豊かになりつつあった大衆の手に届くものになっていく。ロザリンド・ウィリアムズは一九世紀後半のパリにおいて「宮廷消費」から「大衆消費」への顕著な移行がおこっていると論じている[21]。

こうした状況を背景にして、近代社会をリードするブルジョワや中間階級などの新興勢力は貴族のカリスマを継承する「ブランド」を求めるようになった。そのようなブルジョワたちの欲望がハイファッションに新しい命を吹きこんだのである。

時代の支配階級はその存在感をアピールするためのスタイルを必要とする。ブルジョワジーは没落していく貴族や増殖する大衆と差異化するため新しい外見をつくりださねばならなかった。もとより一般大衆のような安っぽい服をまとうわけにはいかない。しかも、このころまだ一般大衆は個人として卓越するよりも、労働者階級としての連帯感を示すほうを優先させていたのだ。貴族にたいしては、彼らが贅沢と飽食におぼれたことは軽蔑していたが、その世界には強い憧れを感じていた。しかし勤勉と才覚によって立身出世してきたブルジョワや新興富裕層の多くは貴族と違って「良き趣味」を幼いころから習得するような環境にはなかった。彼らは時代の支配者という新しいアイデンティティを視覚化するデザイナーを必要としていたのだ。

ソースティン・ヴェブレンによると、一九世紀後半のアメリカ有閑階級は不必要に豪華なファッションを身にまとっているが、その理由は自分たちの経済的成功を見せびらかすためだという。一方でブルジョワジーは浪費の果てに没落していく貴族を軽蔑していたため、男性は装飾を自粛して禁欲的でなければならなかった。そのかわりに彼らは妻や娘に豪華なコスチュームをまとわせ、自分の富を誇示したのである[22]。

オートクチュールはカリスマの象徴性を量産するシステムであった。それは消費社会化が進むなかで大衆と差異化をはかる「ブランド」になっていく。ルイ・ヴィトンやエルメスなどフランスの老舗ブランドは一九世紀に創業したものがすくなくない。ベンヤミンのたとえをかりると、それは貴族の幻影を大衆に見させる「ファンタスマゴリア（幻灯機[23]）」であった。

オートクチュールの制作には当時の産業テクノロジーの最先端が用いられていた[24]。たとえばクリノリンスタイルは旧弊に見えるかもしれないが、そこには新しい技術が投入されている。かつては十分なふくらみをつくるためにペチコートなどの下着を何枚も重ねていたので、スカートはとても重かった。一九世紀に考案されたケージクリノリンは最新テクノロジーである鉄製ワイヤーを使用することで、スカートのふくらみを保ちつつ重さを大幅に軽減することになる。女性たちはケージクリノリンの軽さと動きやすさに驚きの声をあげたという。

またこのころ発達した化学染料技術はそれまでになかった多彩な色や柄に布地を染め

ることを可能にした。合成染料の歴史は、一八五六年イギリスのウィリアム・パーキンが偶然にもアニリン染料を発見したことにはじまる。化学染料は安価に美しい布地を生みだし、レース、フリル、リボン、刺繍などの装飾物を取り去っていくことになる。このような産業技術の成果が応用されることで、不十分ではあっても女性の身体的な束縛は軽くなっていった。

チャールズ・ワースは産業先進国イギリスの発想をパリモードに生かすとともに、フランス宮廷文化のブランドを継承し、ハイファッションを近代化した。彼は芸術と工業、装飾と機能、伝統と革新を結びつけ、二〇世紀ファッションデザインのあり方をさし示したのである。

ワースはどのドレスメーカーも達成できなかったほどの名声と成功を獲得し、一八九五年に没するまでパリモードの最前線に君臨した。店は息子ジャン・フィリップとガストンが継承したが、往時をしのぶ豪華なドレスにこだわったため時代に取り残されていく。オートクチュールを築いたブランドは一九五六年にひっそりと閉店する。

※注

（1）Diana De Marly, "Worth," New York, Holmes and Meier, 1990, p.5.　フランスの状況については、北山晴一『おしゃれの社会史』朝日新聞社、一九九一年を参照。

（2）De Marly, ibid., p.6.

(3) De Marly, ibid., pp. 25-6.
(4) De Marly, ibid., p. 40.
(5) 鹿島茂『怪帝ナポレオンIII世』講談社、二〇〇四年、三七六頁。
(6) De Marly, ibid., p. 46.
(7) De Marly, ibid., p. 52.
(8) De Marly, ibid., p. 101.
(9) De Marly, ibid., p. 160.
(10) De Marly, ibid., p. 102.
(11) Elizabeth Ann Coleman, "The Opulent Era," New York, Thames and Hudson, 1989, p. 42.
(12) モリスは社会主義的な思想の持ち主ではあったが、その制作物は金持ちしか購入できないものであった。
(13) De Marly, ibid., p. 112.
(14) De Marly, ibid., pp. 114-6.
(15) フィリップ・ペロー『衣服のアルケオロジー』文化出版局、一九八五年、一五四頁。
(16) 天野知香『装飾／芸術』ブリュッケ、二〇〇一年を参照。
(17) Nancy J. Troy, "Couture Culture," Cambridge and London, The MIT Press, 2003, p. 28.
(18) Troy, ibid., pp. 28-9.
(19) Valerie Steele, "Paris Fashion," New York, Berg, 1998, p. 21.
(20) 第二帝政期の消費社会論については多くの研究書がある。たとえば鹿島茂『デパートを発明した夫婦』講談社現代新書、一九九一年など。
(21) ロザリンド・H・ウィリアムズ『夢の消費革命』工作舎、一九九六年を参照。
(22) ソースティン・ヴェブレン『有閑階級の理論』ちくま学芸文庫、一九九八年を参照。
(23) ヴァルター・ベンヤミン『パサージュ論I』岩波書店、一九九三年を参照。
(24) Christopher Breward, "The Culture of Fashion," Manchester and New York, Manchester University Press, 1995, pp. 153-67.

※図版出典
1、3、Diana De Marly, "Worth," New York, Holmes and Meier, 1990.
2、James Laver, "Costume & Fashion," London and New York, Thames and Hudson, 1988.
4〜7、Elizabeth Ann Coleman, "The Opulent Era," New York, Thames and Hudson, 1989.
8、岡田夏彦編『世紀末コレクション4 ベル・エポック写真館 世紀末パリ』京都書院、一九九〇年。

第2章　ポール・ポワレ　オリエント、装飾と快楽

ポワレは女性を解放したのか

二〇世紀初頭、女性ファッションは大きく変化する。

一九世紀のファッションはコルセットによって上半身を細く締め、クリノリンやバッスルで下半身をふくらませる構築性を特徴としていた。そのうえに刺繍やレース、リボンなどの装飾を豊富に加えたドレスを重ねて、優雅さや豪華さを演出するのがハイファッションの美学である。チャールズ・ワースはオートクチュールという高級服飾の生産・販売システムを考案し成功させたが、デザイナーとしてはそのころ支配的だったシルエットをほぼ踏襲していたといえよう。

これと大きくことなるデザインを発表したのがポール・ポワレである。彼のドレスは女性のウエストラインを胸元まで上げ、流れるように布地をドレープさせた優雅なシルエットをつくりだした。その身体像は「砂時計形」ではなく「円柱形」とでもいうべきものである。このすっきりとしたシルエットによりポワレはファッションに革新をもたらし、新しい時代の女性美を鮮やかに提示したのである（図1）。

彼が注目されたのは、ドレスの垂直ラインを強調するディレクトワール・スタイルを発表したときである。これは古代ギリシャやフランス革命後の総領政府時代（ディレクトワール）のスタイルに触発されており、身体をふたつの部分に分けるのではなくひとつの全体へとまとめるものであった。その後、ポワレはオリエント文化の影響を取り入れた独自のスタイルを創造するなかで、この方向をさらに追求していくのである。

服飾史において、ポワレは女性をコルセットから解放した人物と紹介されることがある。たしかに彼は自伝のなかでそう主張しているし、一九〇六年に発表したドレス「ローラ・モンテス」はウエストラインが高いデザインであったため、コルセットを外すことが提案されていた。しかしポワレはそのかわりにガードルをつけるように指示していたし、それ以降もコルセットを使うドレスや歩きにくいホブルスカートを発表するなど、身体の解放についての姿勢はかなり恣意的だったのである。

このころコルセットを放棄したのはポワレだけではない。マドレーヌ・ヴィオネもコルセットを外してからだにまとうファッションを発表している。ヴィオネはみずから女性として身体を拘束するファッションに異議を申し立てたのであった。

二〇世紀になってコルセットがつけられなくなったのは女性解放運動が実を結んだからではない。一九世紀にコルセットの弊害が叫ばれ、アーツ・アンド・クラフツや合理服運動がからだにゆったりとしたドレスを提案しても、多くの女性はきゅうくつな拘束着を脱ぎ捨てようとはしなかった。多くの場合、服飾史を変えるのは合理性よりも人々の欲望のほうである。むしろスポーツや旅行など女性のライフスタイルが開放的・活動的になり、よりスリムな身体が好ましいと考えられるようになった時代の風潮にあわなくなって、コルセットが自然に凋落《ちょうらく》していったと見るべきだろう。

アンチコルセットの風潮に危惧を抱いて相談にきたコルセット業界の代表団体に、ポワレは「女性がショートヘアにするからといって美容師の仕事がなくなるわけではありません」と返答したという[1]。たしかにコルセットが不要になったかわりにブラジャーやガードルがつけられるようになった。おしゃれやマナーとしてのコルセットは廃れたが、身体の拘束や修正はいまなお同じように続いている。

ポワレは女性の身体を解放するためにコルセットを破棄したのではなかった。それでは彼のデザインはなにを狙っていたのか。

上・図1
ルパープが描くポワレのヘレニズム風ドレス。1911年
下・図2
イリーブが描くポワレのドレス。東洋とヘレニズムの影響が見える

モードのスルタン

ポワレは多くの才能に恵まれた人物であった。彼は生活を楽しむパリジャンであり、好奇心も旺盛で、芸術全般に関心をもち、服飾、インテリア、香水、舞台、料理、出版、絵画、学校など幅広いジャンルに取り組んでいる。

ポール・ポワレは一八七九年、パリのレアール地区に生まれる。生家は布地屋をいとなんでおり、父オーギュストは婿養子として勤勉に働いたので、それなりに裕福な暮らしができたようだ。ポールは子どものころから近所の繁華街に出入りし、とくに劇場には毎晩のように通ったという。当時の劇場は最新流行をまとった女性たちの社交場でもあった。ほかにも彼はモードの内見会や画家のサロンを訪れたり、家族とパリ万博に出かけたり、「一九世紀の首都」の香気を胸一杯に吸いこんで、芸術文化を吸収していったのである。

一八九七年、オーギュストは大学入試資格試験に合格したポールに傘屋での見習い奉公を命じた。父は息子の浮ついた気性を見抜き、根性をたたき直そうとしたのである。しかし、これは見事に逆効果となってしまう。ポワレはすぐに厳しい徒弟修業に嫌気がさし、ファッション画を描いて有名店に売り込むようになった。その絵を見たジャック・ドゥーセに気に入られて、ポワレは高級服飾の世界へと飛びこんでいく。

ポワレはすぐにスーツ部門のチーフを任され、その斬新なデザインによって頭角を現した。ドゥーセもこの若者に期待して、クチュリエの心得を教えこんだらしい。やがてポワレはドゥーセを去ることになり、兵役を終えたのち、今度はワースのメゾンに売り込みにいく。チャールズ・ワースが没してから、店はジャン・フィリップとガストンの息子世代が受け継いでいた。経営面の責任者ガストンはポワレにこう言ったという。「兄のジャンは簡素で実用的なドレスをつくることをいつも断ってきました。兄はその種のドレスに興味を覚えないのですが、にもかかわらず要望があるのです。我々はちょうどトリュフ以外のものは出そうとしないレストランの老舗と同じような状況にあります。今や当店でもフライドポテトをメニューに加える必要があるのです(2)」。

元祖オートクチュールも時代の波に逆らえなくなっており、経営上の判断からカジュアルな服をつくる人材としてポワレを採用したのである。しかしクリエイティブ担当のジャン・フィリップは相変わらず富裕層のためのぜいたくなドレスに執心していて、ポワレのテーラードスーツを「わらじ虫」、ドレスを「ふきん」などとさげすんで不満をあらわにしたらしい。ポワレもまたジャンのつくる豪華なドレスを冷めた目で見ていた。彼は中国の外套に触発されて大きな袖と刺繍をほどこしたキモノ型のコートをつくったが、それを目にして仇敵《きゆうてき》中国の影響を見てとったロシアのバリアティンスキー王女の不興をかったため、店頭からひっこめられてしまう。

一九〇三年、二四歳のポワレは母親からの援助金五万フランを元手に独立、オーベル通りに自分のファッションハウスを構える。従業員八人の小所帯であった。

しかし無名の若手デザイナーの店にそうそう客がくるものではない。ポワレはウィンドゥディスプレイに凝った演出をして注目されるが、なかなか集客にはつながらなかった。そんな彼に救いの手をさしのべたのが恩師ジャック・ドゥーセである。彼は有名女優レジャーヌに声をかけ、ポワレのところに出かけるよう勧めてくれたのだ。レジャーヌは赤い縁取りのあるマリンブルーのスーツが気に入り、いろんな場所にそれを着て現れた。その宣伝効果は大きかった。彼女はアメリカ公演にもこのレジャーヌスーツで出かけたため、ポワレのアメリカでの知名度も高まったという。このスーツはポワレ最初のヒット作となっている③。

一九〇六年、彼はかつてロシア王女の不興をかって発表を断念したコートをふたたび世に問うことにした。東洋趣味の装飾、キモノ風の平面裁断がなされた色鮮やかなもので「孔子コート」とよばれた。この作品も大変な評判になりヒット作となった。

この時期、ポワレはドレスをよりシンプルにする試みをさらに進めた。一九世紀末より家具、インテリア、グラフィックデザインの領域に曲線を特徴とするアールヌーヴォー様式が登場し、ファッションでもバストを前にヒップを後ろに出すS字カーブといわれるラインが流行していた。この曲線をつくるのは新しいコルセット「ガッシュ・サロート」である。従来のコルセットが腹部全体を締めていたのにたいして、これは前面をフラットにして内臓を締めつけないよう改良、からだへの負担が軽減されたものだ。しかしポワレの目指していたのはさらにシンプルな身体像だったのである。

彼はルーブル美術館や画廊に通って美術を鑑賞したり、図書館で過去のファッションプレートを見たり、万国博覧会などで異国の民族衣装に触れたりして、デザインの発想を吸収していく。ポワレが影響をうけたものは大きくふたつある。ひとつはディレクトワール（総領政府）時代のスタイル。これは古代ヘレニズム文化に影響をうけた一八世紀末の時代である。ファッションとしては古代ギリシャ・ローマのたくましく発達した身体を基本に、ギリシャ神殿の円柱のように垂直線を強調したドレープを持ち味とする。もうひとつはオリエント。これは中近東、インド、東アジアなどの西洋以外の国の文化やコスチュームである。植民地主義時代のヨーロッパは諸外国からたくさんの文物を輸入しており、その異国情緒にポワレは強く惹きつけられた。古典主義と東洋趣味ではかなりテイストは違うが、いずれも一九世紀の西洋服とは対極にあるようなスタイルである（図2）。

ポワレはこれらの文化に身体そのものをひきたてる服飾の美学を見いだし、それを用いた数多くのデザインを発表していく。彼は一九一三年に雑誌「ヴォーグ」でこう述べている。「私が自分の創作に満足をおぼえるのは、そこにシンプルな魅力、古代の彫像の前に立ったときの感慨に比する静謐な完璧さを感じるときだけです。女性にドレスをまとわせるのは装飾でおおうことではありません。女性のからだのよいところを発見し、前に出して、目立たせることなのです。からだに備わるものをあきらかにすることが女性の魅力をひきたてることになります。アーティストの才能のすべてはそれをどうあきらかにするかです[4]」。

彼のドレスは当初宴会など屋内で着られていたが、ポワレはマヌカンたちをロンシャン競馬場など屋外に連れ出してアピールした。人々はその光景を見て戦慄し、マスコミも「からだが見えてしまう!」とヒステリックに攻撃している。

ドレスの構造をシンプルにする一方で、テキスタイルには鮮やかな色彩や大胆なプリントが使われた。それまでパリモードの世界は上品さを優先し、淡い色彩やパステル調が主流だった。ポワレはむしろ色に強さを求め、染色家たちを支援して「つかれはてた色彩に健康をとりもどさせた」という(5)。彼はマチス、ドラン、ヴラマンク、デュフィらフォーヴィスムの画家たちを気に入っており、その大胆な色彩からも大きな刺激をうけていたのだ。ポワレはのちにテキスタイル工房を主宰して、みずから布地のデザインにも取り組んでいる。

ポワレは短期間に大きな成功を収めた。一九〇六年には店舗をパスキエ通りに移転。その三年後にはサントノレのダンタン通りの屋敷を購入し、ファッションショーができるサロンや庭園のある豪華な店舗へと改修する。この場所でポワレはいくつもの伝説的な宴会を主催し、社交界の人々は争うようにやって来たのであった。

オリエンタリズムとエロティックな身体

ポワレのデザインの特徴はコルセットを破棄したというより、女性の身体に時代のスタイルをまとわせたところにある。それは身体のエロスを再発見することであり、それがもっとも明確になったのは彼のオリエンタリズムへの接近であった。

オリエンタリズムは一七世紀以来インドや中国などの工芸品が持ちこまれたことによって生まれた東洋趣味の総称であり、文学、美術、舞台芸術など西洋文化の広い領域に影響を及ぼしている。一九世紀後半、ロンドンやパリで万国博覧会が開催され、非西洋圏の文化、生活、芸術、工芸をじかに見る機会は飛躍的に増えていた。西洋文化にはないエキゾチックな文物に触れることで、当時の人々はオリエントへの想像力をかき立てられ、二〇世紀はじめには東洋ブームが到来していたのである。

ピーター・ウォレンは、二〇世紀はじめにオリエンタリズムを独自の表現へと高め、パリに一大ブームを巻きおこした芸術家たちとしてアンリ・マチス、ポール・ポワレ、バレエ・リュスをあげている[6]。

セルゲイ・ディアギレフ率いるバレエ・リュス（ロシア・バレエ団）は力強いパフォーマンスと幻想的な舞台によってパリの人々を熱狂させた。とりわけ一九一〇年の『シエエラザード』は彼らのフランスでの名声を確立した。『千夜一夜物語』から想を得たこのバレエ・パフォーマンスは、レオン・バクストによる豪華絢爛たる舞台装置と艶やかな衣装に彩られたエロスと虐殺の一大ページェントである。

物語の舞台は中近東のどこかにあるスルタンの後宮。スルタンが狩猟へと出かけたあと、後宮の女たちが黒人奴隷たちと羽目を外して乱舞乱交を繰り広げる。宴が絶頂に達したころスルタンが狩りから戻ってくる。後宮の光景を目撃して激怒に駆られる専制君主。彼は手にした刀で奴隷や女たちを殺戮《さつりく》し、それを見た最愛の寵姫《ちょうき》ゾベイダは自殺を遂げてしまう……。この物語は西洋人がオリエントに抱くエキゾチックなファンタジーを色彩豊かに描き出していた。『シェエラザード』は黄金の奴隷を演じたヴァーツラフ・ニジンスキーやゾベイダ役のイダ・ルビンシュタインのカリスマ性と相まって、圧倒的な成功を収めたのである（図3）。

ポワレもまた熱心なオリエンタリストのひとりであった。友人でもあるJ・C・マルドリュスが翻訳・刊行した『千夜一夜物語』に感銘を受けたポワレは、一九一一年、サントノレの屋敷で「千夜二夜物語」という伝説的な仮装パーティを催している。

この夜、建物の内装や庭園はペルシャの王宮に見立てて豪華に飾りたてられた。三〇〇人もの招待客はペルシャ風仮装をしてくるよう要求され、着てこなかった客のために入口に衣装が用意された。主会場には天井に巨大な天幕、フロアにはラグがしかれ、周囲には奴隷に扮した黒人たちや鸚鵡《おうむ》などの動物が配され、演奏家たちが奏でる民族楽器の音色があたりを満たしている。

ポワレは頭にターバンを巻き鞭と三日月刀を手にしたスルタンに扮して、やって来た招待客を出迎えた（図4）。そのかたわらの黄金の檻には妻ドニーズや女性たちが閉じこめられている。やがて招待客がそろうと、女性たちが檻から解き放たれて、おとぎ話に見立てられたオリエンタルな夜が繰り広げられたのである。このときドニーズ・ポワレが身につけていた裾広がりのチュニック・ドレスにハーレム・パンツの装いに参加客から熱いまなざしが注がれたので、ランプシェード・チュニック「ソルベ」として商品化され発売されることになる（図5）。

バレエ・リュスは当時ヨーロッパに流行していた東洋ブームにますます油を注ぐことになったが、ポワレは彼らによってオリエントに導かれたわけではなかった。「孔子コート」の発表は一九〇六年で、バレエ・リュスの公演よりも早い。また一九〇八年に英国を訪れたときも、サウス・ケンジントン博物館（現ヴィクトリア・アンド・アルバート博物館）に展示されていた東洋の細密画やインドのターバンを見学しており、一九一〇年には北アフリカに旅行している（この年はアンリ・マチスがミュンヘンでイスラムアート展を見てモロッコ行きを決意した年でもある。マチスもモロッコの装飾芸術から大きな影響を受けている）。オリエンタリズムは芸術文化のひとつの流れだったのである。

ヨーロッパがオリエントに惹かれたのはただ異国への憧憬《しょうけい》や賞賛の念からばかりでは

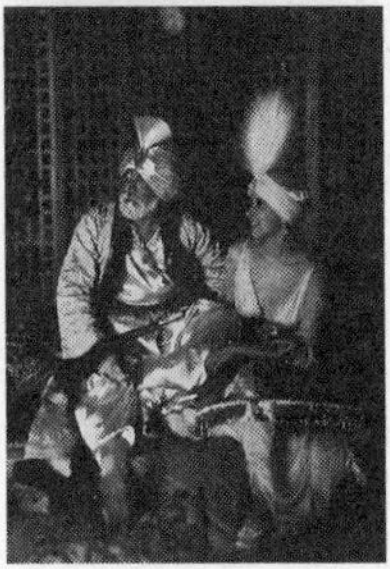

上・図3
『シェエラザード』の黄金の奴隷を踊るニジンスキー
下・図4
パーティ「千夜二夜物語」でスルタンに扮するポワレと妻ドニーズ

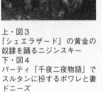

ない。エドワード・サイードによると、西洋はオリエントにもっぱら「後進性」「独裁・専制」「野蛮」「性的放縦」などのレッテルを貼ることでさまざまな文化の多様性をステレオタイプへと一元化し、西洋と根本的にことなる異文化としてのオリエント像を構築した。オリエンタリズムとは西洋―東洋という二項対立の図式のもとに非西洋を表象しコントロールする西洋の文化システムでもある。(7)それはしばしば理性的で道徳的な西洋が野蛮で放恣な東洋を啓蒙するというイデオロギーを生みだし、植民地支配を正当化する言説ともなった。理性―野性、文明―自然、禁欲―快楽、進歩―伝統、男性―女性、西洋―東洋。西洋はこうした二元論的思考にとらわれてきた。

西洋は「他者」として(いいかえると劣った存在として)東洋を立てることでみずからの文化的アイデンティティをはじめて確認することができたといいうる。それゆえ西洋は自文化へのアンチテーゼとしてのオリエントが必要なのである。それは西洋の反転された自画像であり、既成の価値観を更新するものなのだ。

ポワレがオリエントに求めたのもこの価値転倒性だった。彼はオリエンタリズムの意匠を借りることで女性身体のエロスをあらわにし、一九世紀の身体美学から訣別《けつべつ》しようとしたのである(図6)。

一九世紀は英国ヴィクトリア朝に代表される禁欲的な倫理観に強く拘束されていた。衣服においても身体を露出することは罪悪視されており、コルセットの着用もまたからだを抑制してきちんと整えるという道徳的な理由があったのである。

男性服が実用的かつモノトーンのスーツへと簡素化してゆく一方で、女性服は拘束と装飾の方向を継続し、性別による衣服の形態がはっきりと分けられたのもこの時代だった。一八世紀までの宮廷社会では男性ファッションも派手に装飾されていた。

精神分析学者J・C・フリューゲルは一九世紀に男性が服装から装飾を放逐したことを「男性の偉大なる放棄」と呼び、理性の力によって装飾への欲求を克服したと評価している[8]（実はそうではないという説もある。アン・ホランダーによると、スーツは男性の肉体の古典的特徴を強調するようにつくられており、美意識が装飾から形態へと移行したのだという[9]）。それにたいして、女性はまだ古い服飾美学を継承していた。しかもその身体は道徳的規範によって拘束されていたのである。それはエロスを見えないように抑圧することにほかならなかった。女性たちは新しい時代にふさわしいセクシュアリティの表現を必要としていた。

オリエンタリズムというファンタジーは、キリスト教的な道徳規範にはないセクシュ

上・図5
ドニーズがまとうチュニック「ソルベ」。1912年
下・図6
ポワレのドレスをまとったマヌカンたち。1910年

アリティの表現を可能にした。バレエ・リュスが官能や乱交や殺戮を描くことができたのも、それがオリエントを舞台にしていたからである。ポワレは中近東、ロシア、インド、中国、日本などの異国の文化を流用することによって、からだのラインが透けて見えるようなデザインや原色の強烈な色彩やコントラストを表現することができたのだ。彼は女性身体の実用的・衛生的な改善をめざしていたのではなく、性的な身体という新しい美学によって伝統を断ち切り、無意識の欲望に形をあたえようとした。

もちろんそこに異文化を正しく理解しようとか伝えようなどという意図があったわけはない。ポワレにとって歴史や異世界を舞台に想像をたくましくすることが、デザインの原動力だったのだから。

生活全体をデザインする

ファッションデザインの革新と並行して、ポワレは新しい試みにも取り組んでいる。一九一一年、彼はファッション以外のふたつの分野に進出した。ひとつは香水ブランド「ロジーヌ」。これはファッションデザイナーによる最初の香水とされている。ロジーヌは長女の名前に由来する。

ポワレは従来の香水とは違う個性的でエキゾチックな香りをもとめていた。そのため郊外に工場を設立して、調合師に実験を繰り返させている。彼はロジーヌ香水のカタログでこう宣言している。「私は倹約についてではなく、エレガンスについてお話しします。洗練とはほかの人々と同じであることと考えられています。それは間違いです。個性をもつのです[10]」。

ロジーヌからは「奇妙な花」「禁断の果実」「アンティネアあるいは海底」のような謎めいて官能的な印象の香水や、田舎の新鮮な空気をイメージした「森林」など、さまざまな種類が発売されている（図7）。ポワレは香りの調合だけでなく、ボトル、パッケージなど全般のデザインを手がけ、四〇名の従業員が生産から瓶づめまでの作業をおこなった。顧客を中心に宣伝し自分の店で販売する小規模なビジネスだったが反応はよく、ロジーヌは香水からほかの化粧品や石鹸などにも商品を展開している。香水業者コティが関心を抱き買収を持ちかけてきたが、ポワレは申し出をことわった。

もうひとつはインテリア学校・工房「マルチーヌ」の設立である（この名は次女からとられた）。もともと装飾芸術に関心があったポワレは、当時勃興していた新しいデザイン運動に刺激され、装飾デザイン学校、さらに生徒を組織して工房をつくり、テキス

上・図7
ポワレがデザインした香水「禁断の果実」のパッケージとボトル
下・図8
マルチーヌ工房による寝室のインテリアデザイン。大胆な装飾が目をひく

タイル、壁紙、インテリア、家具などの制作と販売を手がけたのである。
ポワレはマヌカンたちを連れてヨーロッパ主要都市にプロモーションツアーをおこなうなど国外に出かけることが多く、友人・知人がいるドイツにもよく行っていた。彼はベルリン、ミュンヘン、ウィーンでひらかれた装飾芸術展を見学し、ウィーン分離派のグスタフ・クリムト、ウィーン工房のヨーゼフ・ホフマン、ドイツ工作連盟のヘルマン・ムテジウスら、二〇世紀はじめの芸術・デザイン界のリーダーと知りあっていた。彼らの工房を視察するうちに、自分のデザイン工房のアイデアを温めるようになったのだ。

ポワレは帰国後デザイン教育をおこなうマルチーヌ学校を設立するが、これは一風変わった教育方針にもとづいていた。ポワレは貧しい労働者階級のエリアに住む一三歳前後の少女たちを集めて絵筆をもたせ、自由に練習するように促したのである。彼はドイツでおこなわれていた生徒を型にはめるような徒弟教育に批判的で、あえてその逆をいくことにした。少女たちは学校で賃金さえ与えられている（これは貧しい彼女たちの親がさもなければ働かせるとポワレに迫ったからであるが）。その結果、数週間で彼女たちは自由に自然や動物を描くようになり、それは「アンリ・ルソーの絵画よりも美しく感動的なインスピレーション」[11]にあふれていたという。

数ヶ月後、彼女たちの作品を商業的に生産していく工房が開かれた。家具はピエール・フォコネという若いデザイナーが担当したが、テキスタイルや壁紙、花びんや陶器の絵付け、ロジーヌ香水の瓶やパッケージなどのデザインをマルチーヌ出身の女性たちが手がけた。もちろんファッションにもマルチーヌ製テキスタイルを用いている。工房はさらに住宅、ホテル、レストラン、事務所、劇場、カフェなどの内装デザインも手がけていく。大胆な構図、素朴なデザイン、鮮やかな色彩がマルチーヌ工房の特徴であった（図8）。

ポワレはここにたくさんの芸術家を連れてきたが、とくにラウル・デュフィはマルチーヌに興味をいだき、みずからテキスタイルの原画とプリントを制作している。これを見たリヨンのテキスタイル業者ビアンチーニ・フェリエがデュフィを引き抜いたせいで、ポワレは手痛い損失をこうむった。

マルチーヌは成功を収め、国外からも注文が来るようになり、ドイツやロンドンに支店を開くほどだった。

ポワレはロジーヌ香水やマルチーヌ工房により幅広いデザインビジネスへと進出したが、これはドレスメーカーが服づくり以外の仕事をすることのなかった当時としては異例なことである。のちにシャネルが香水で成功を収めるまで、パリのデザイナーたちはこうした越境行為にきわめて消極的であった。しかしポワレが香水やインテリアを手がけたのは商業的成功だけが目的だったのではない。彼は自分の美学を服から香りや住まいのような空間へと拡張することで、新しい生活空間をデザインしようと構想していたのだろう。

このことはポワレと分離派やウィーン工房との関係からも推察することができる。分離派とは過去の様式や歴史主義から「分離」した新たな様式の確立と生活の芸術化を目標にして、二〇世紀モダンデザインに先駆的な役割を果たした装飾芸術運動だった。ウィーン分離派会長の画家クリムトは服飾デザインも手がけ、テキスタイルやドレスをつくっている。彼のパートナー、エミリー・フレーゲはウィーンでブティックを経営しておりファッションデザイナーでもあった。クリムトのドレスは審美主義ドレスや改良服のようなゆったりとしたガウンで、オリエントの影響も見られ、ポワレのデザインとの共通性が感じられる。分離派を発展させて建築家ホフマンらが結成したウィーン工房は服飾部門もあり商業的に成功を収めている。ここのエドゥアルト・ヴィンメル＝ヴィズグリルが描いたファッション画はポワレの作品によく似ており、影響関係が見てとれる。

ポワレもまたウィーン装飾芸術の革新と官能の美学に共感したのだろう。ウィーン工房を訪問したときはテキスタイルを大量に購入、またブリュッセルにあるホフマンの代表作ストックレー邸には深い感銘を受けている。装飾をはぎとった直線的な外観と濃厚な室内装飾が繰り広げられる内部をもつこの建物は独自の美意識によって統一され、ホフマンは室内で着る衣服までデザインしたという(12)。ポワレは新しいデザイン運動に自分と近いものを感じていたのだろう。

ポワレと分離派・ウィーン工房とは共通するところが多い。両者とも過去や伝統からの別離を志向し、オリエンタリズムのもとに新しい装飾芸術を作り出そうとした。また生活と芸術との境界をなくし、日常生活を刷新しようとした点でも似ている。さらにシンプルで合理的なデザインをめざしつつ、装飾そのものを否定しなかったところも同じであった。両者はむしろ妖しく官能的な装飾にこそ魅了されていた。

それらはやがて二〇世紀の主流になっていくモダンデザインと並べてみると、いかにも過渡的なものに見える。分離派はのちに装飾の排除を主張したモダニスト、アドルフ・ロースによって批判され、ポワレもまたモダンガール、ガブリエル・シャネルにモード界の王座を譲り渡すことになる。

もちろんポワレと分離派にはいくつか大きな違いがあった。分離派は新しい様式をもとめた芸術家たちの活動だったが、ポワレはそのような目標をもっていなかった。マルチーヌ工房は素人同然の少女たちに自由に絵を描かせ、商品化するというやり方で運営されていたし、デザインも素朴さが尊重されていた。ポワレは自然な欲求や飼いならされていない感性の育成を実践したが、これも高い技術や芸術性を重視し、退廃的な世界観を持ち味としていた分離派とは対照的である。ちなみにポワレは二〇世紀モダンデザインの理念である規格化や大衆化にもあまり関心がなかった。

ポワレのデザイン活動には同時代のファッションデザイナーの数歩先を読んでいた先見の明があるとともに、モダンデザイン萌芽期の方向の定まらない混沌とした状況も反映されていたのである。その意味で彼はプレモダニストだったのかもしれない。

芸術家ポワレ

ポワレは服飾の枠にとらわれない創作活動を展開し、芸術家を自任していた。ワースはフランス装飾芸術の伝統に安住していたが、ポワレにとっての芸術とは個性や独創性の発露であり、権威を挑発する姿勢をもつものであった。

芸術家としての自負からか、ときにポワレは顧客に専制君主のようにふるまった。彼の自伝を読むと、貴族や上流階級がいかに尊大な態度をとったか、そんな連中をどうやりこめたかのエピソードにことかかない。バリアティンスキー王女のような王侯貴族はかなりカリカチュアされているようだ。ドレスが気に入らないと苦情をいいに来る女性にはこういうこともあったという。「このドレスは美しくてとてもよろしい。あなたによくお似合いですが、残念なことにお好きでないなら、お脱ぎください。けれどもわたしは別のものはけっして作りませんぞ[13]」。

またロスチャイルド男爵夫人が店にやってきたときのこと。彼女は顧客の中でも一番の金持ちだったが、ポワレはかつて夫人にドレスを見せたときにうけた侮辱をおぼえていて、すぐに出ていくように命じる。夫人が怒りにふるえ「自分の出入り商人に門前払いされたことはありません」というと、彼はこう応じた。「私はあなたの出入り商人だなんてもうこれっぽっちも思っておりません[14]」。彼はもともと控え目な性格ではなかったが、自分のファッションには絶対的な服従を要求した。そこには商人や職人として顧客に奉仕するという意識はみじんも感じられない。

ポワレは芸術家たちと親しく交流し、彼らの作品を収集している。サントノレの店舗にはギャラリー・バルバザンジュという画廊をもうけて、よく美術展を開いていた。彼は画家に親近感をいだき、積極的に仕事を依頼することも少なくなかった(晩年のポワレはもっぱら絵筆をとることに情熱を傾け、死の直前には展覧会も開催した)。ラウル・デュフィはマルチーヌ工房でテキスタイルデザインを手がけたほか、「千夜二夜物語」パーティのためのプログラムもつくっている。

一九〇八年、ポワレはカタログ画集を制作することを思いつき、自分のファッションをイラスト画にするようポール・イリーブに依頼した。イリーブがディレクトワールとオリエンタリズムの混交するファッション世界を鮮やかに表現した『ポール・イリーブが描くポール・ポワレの服』はポショワール技法を用いて印刷されている。

カタログの美しい出来映えに満足したポワレは顧客のみならずヨーロッパ中の王室にも贈呈した。ポショワールは版画の技法の一種で、刷毛《はけ》で色を塗っていく手仕事のため二五〇部の限定生産だったが、その鮮やかな色彩は人々を感嘆させたのである。これは日本から輸入された錦絵に触発されているといわれ、手作業で色を重ねていく手間のかかる彩色版画技法である(15)。

その二年後、ポワレはジョルジュ・ルパープにも同じような本をつくらせ、『ジョルジュ・ルパープが見たポール・ポワレの世界』として刊行した。ルパープが描くポワレのパンツスーツを現在の眼で見るとその先見性には驚かされるものがある。ポワレのファッション画集はファッション雑誌に影響を与え、「ガゼット・デュ・ボン・トン」「ジュルナル・デ・ダーム・エ・デ・モード」誌などがポショワール技法を取りいれた誌面作りをおこなっている。

一九一一年には雑誌「芸術と装飾」に掲載するための作品の撮影をアメリカの写真家エドワード・スタイケンに依頼している。スタイケンは一九〇二年に写真分離派を結成し、絵画的な表現に似た写真作品を多く発表しており、ポワレのファッションを幻想的で不思議な情景のなかに描きだしている。彼はそののち二三年に「ヴォーグ」誌を発行するコンデナスト社の専属フォトグラファーになり、初期ファッション写真の確立にも貢献することになる。ポワレは二二年にまだ無名だったマン・レイにもファッション写真を撮影させている。

しかしポール・ポワレの創作意欲がもっとも旺盛に向けられたジャンルは舞台芸術だった。彼は役者として舞台に立つほどこの世界に魅せられており、とくにコスチューム制作には熱心に取り組んだ。彼の関心はシリアスな演劇ではなく軽快なレビューだったが、それは遠い歴史や異国の風景に思いきり想像力を遊ばせることができたからだろう。

ポワレはイダ・ルビンシュタイン、ミスタンゲット、イザドラ・ダンカンの衣装をデザインしてきたが、女優たちのきまぐれには食傷気味で、舞台全体のコスチュームをつくる機会をうかがっていた。

それがやってきたのが、一九一一年にテアトル・デ・ザールで上演された『ナブショドノソール』である。これはバビロン王がイエルサレムを征服する歴史劇で、衣装をポワレ、舞台装置を画家のデュノワイエ・ド・スゴンザックが担当した。それまでの舞台美術に飽きたりなかったテアトル・デ・ザールは彼らを起用することで統一感のある舞台空間をつくりだそうとした。ふたりはルーブル美術館に出かけてシュメール文化を研究し、舞台の基調色を金、緑、白に決めた。鮮やかな舞台美術に彩られ、公演は大成功に終わった。

ポワレは一三年の『ミナレット』でもおおいに盛名をはせた。オリエントのハーレムを舞台にしたこの芝居への参加は、「千夜一夜物語」に感銘を受けたテアトル・ド・ラ・ルネッサンスの監督兼女優のコラ・ラパルスリからの依頼によるもので、ポワレはここでも各幕ごとの衣装と舞台の色を調和させ、一幅の絵画のような視覚効果を生みだしている。彼はラパルスリに「千夜一夜物語」で発表したランプシェード・チュニックにルビンシュタインのためにつくったスカートをあわせた衣装をデザインした。このときアシスタントについたのはのちにデザイナーとして成功するエルテである。『ミナレット』は上演一〇〇回をこえる成功を収め、この衣装を求める声が高まり一般向けにも発売されている。

一四年、ふたたびテアトル・ド・ラ・ルネッサンスが古代ギリシャをテーマにしたベストセラーにもとづく『アフロディーテ』のコスチュームを依頼してきた。ポワレはギリシャとエジプトの様式を混ぜ合わせ、赤、青、ピンク、オレンジなど鮮やかな色彩が乱舞する多数の舞台衣装をまとめあげている。このとき発表されたコスチュームも話題になり、夜会用ドレスとして流行した。

ある意味で舞台はポワレのファッションの宣伝媒体でもあった。彼は「千夜二夜物語」に代表されるような夜会やパーティをよく主催している。それはひとつのテーマのもとに衣装や場所などの装飾、音楽やダンス、芝居などの見世物が入念に準備されたもので、まさに演劇の興行と同じものであった。こうしたパーティのための用意や供されるぜいたくな食事や飲物、かかった諸経費は膨大なものとなったはずである。すべてをポワレのポケットマネーでまかなえるわけはなく、会社の出資者が宣伝効果のために出費を了承したのであろう。ポワレが舞台やパーティのためにつくったコスチュームは顧客のドレスとなり、流行となっていくので宣伝効果も大きかった。かつて夜会を主催してファッションの流れを決めていたのは王侯・貴族だったが、こうした舞台イベントは流行の主導権がデザイナーに移っていく状況を反映していたともいえる。

ポワレはヨーロッパやアメリカにマヌカンを連れてプロモーションツアーを敢行しているが、その際のファッションショーもまた舞台興行のようなものだった。一九一三年にアメリカに行ったときは、『ミナレット』のコスチュームをもってゆき、妻ドニーズに着せてインタビューに応じ、百貨店で講演会をおこなっている。百貨店のなかにはこれを製品化してミナレットルックとして販売するものもあった(16)。

ナンシー・J・トロイが指摘するように、ポワレの芸術志向にはマーケティング戦略としての側面も強かった。既製服産業と大衆社会の力が増すにつれて、オートクチュールは芸術として自己を提示することで既製服にたいして高級品としての差異化をはかったのである。ポワレはアメリカの多くの小売店で自分のドレスやネームタグさえもコピーされているのを発見し、帰国後に訴訟をおこしただけでなく、フランス・クチュール関連産業保護組合の結成に動いている(17)。

しかしポワレがビジネスの利害をこえた芸術への強い愛着に突き動かされていたこともたしかだ。その後半生に何回か破産しすべてを失うようなことがあっても、彼が芸術への愛情を失うことはけっしてなかったのである。

時代に服を着せて

一九一四年、第一次世界大戦が始まると、ポワレにも召集令状がやってきた。彼は仕立屋として軍服の生産部に配属され、終戦までその生産にかかわった。

第一次世界大戦という未曾有の暴力にさらされたヨーロッパは、オリエントが象徴する野蛮なものや官能的なものではなく、住み慣れた理性と秩序の世界へと回帰していく。ドイツとの戦争のなかでフランスには文化的アイデンティティを鼓吹するナショナリズムが吹き荒れ、外国文化の影響は排斥されることになった。一九一五年ポワレのオリエンタリズムを「ゲルマン的」とする非難の声が高まる。もとより保守派はポワレの挑発的な言動や前衛的なデザインを好ましく思っていなかった。ポワレはドイツ語圏の芸術

家や文化人とかかわりがありドイツで人気があったので攻撃されたのである。(18)

一九年に復員したポワレの前に世界はかつてと違った様相を呈していた。エキゾチシズムやエロティシズムはもはや不要となり、機能と実用を強調したモダンデザインが台頭してくる。女性たちも絢爛豪華なコスチュームより軽快で活動的な服装を求めるようになっていた。

時代への鋭敏な嗅覚をもっていたポワレがこの変化に気づかなかったわけはない。しかし彼は女性たちがふたたび華やかな「ベル・エポック」に戻ってくると信じていたし、これまでの方法を変えることもできなかった。同業者のランヴァン、ヴィオネ、パトゥ、パキャンらがより簡素なドレスを合理的なやり方でつくる方向に切り替えようとしていたのにたいして、従来通りの服づくりと派手な芸術活動を続けようとしたのである。

財政的な困難を解消するために、ポワレはパリの自邸の庭園にオアシスという野外ナイトクラブをオープンする。あらゆる天気に対応できるよう巨大なゴム製のドームを特注、モーターで空気を圧縮して折り畳みができる仕掛けになっていた。ここでポワレは週一回仮装パーティを催したが、それはもはやノスタルジックな中高年向けの出し物でしかなかった。短期間で大きな損失を出したポワレはオアシスを劇場に変え、過去のダンスホールを再現したり、往年の大歌手に歌わせたりした。その結果、赤字はますます膨れあがっていく。

その一方、ポワレはアメリカという新しい市場に進出しようとしていた。かつて一九一三年の訪米で自分のコピー商品が人気を得ているのを見たとき、直接アメリカ向けに既製服を売り出そうと決意したのである。そのときは現地の資金提供者を見つけ、ニューヨークにオフィスを開設するところまでこぎ着けている。しかしその計画を進めていたころは第一次世界大戦中で、戦局の悪化により断念せざるをえなかった。一九二二年、デザインのライセンスを販売する構想をいだいてふたたび渡米したが、今度は既製服会社が首を縦に振らない。スルタンの威光はもう通用しなくなっていた。

困窮したポワレは所有していた地所と建物を売り払い、会社を株式会社化することに同意した。しかしこれは事業を会社の役員会に管轄させることを意味する。数ヶ月後、事態の重大さに気づいたポワレだったが、時すでに遅かった。

一九二五年、ポワレはパリ左岸で開催された装飾芸術展、いわゆるアールデコ展に参加する。この展覧会は芸術家、職人、技術者が力を合わせ、美と産業を社会に役立てようという目的を掲げていた。主催者たちは「展覧会ができるのはポワレがマルチーヌ学校・工房によってフランス装飾芸術を前進させたおかげである」と公式に感謝を述べたという⑲。

会社の役員会が参加を了承しなかったので、ポワレは個人的に展覧会に出展することにした。彼は「パリの暮らし」という名のメリーゴーラウンドをつくったほか、セーヌ川に「愛」「オルガン」「歓喜」と名づけた三艘《そう》の船を浮かべている。「愛」はモダンなアパートメントをイメージしてマルチーヌ工房が内装を担当し、「オルガン」にはラウル・デュフィがデザインした一四枚のタピスリーが掲示された。「歓喜」は赤い花が飾られたフレンチレストランである。

これは展覧会最大のアトラクションのはずだったが、社交界人士は展覧会そのものを敬遠してしまった。かわりにやってきたのは物見遊山の一般大衆である。ポワレは期待していた利益を回収することができず、この損失を補填《ほてん》するべく美術コレクションをオークションにかけなければならなかった。さらに一年後にはマルチーヌ工房とロジーヌ香水を売却。これが「アールデコ展」参加という最後の大博打の顚末である。その後、ポワレは何度かの破産を経験し、すべての財産を失ってしまう。一九四四年、晩年に描いた絵画の展覧会を開いた数週間後、帰らぬ人となる。

ポワレは独自の世界観を服飾や空間に表現する芸術家としてのファッションデザイナーのあり方を示した。香水、インテリア、ライセンスなど、ブランドビジネスに着手しつつも実を結ばなかったのは、浪費癖と放漫経営もさることながら、時代よりも少し先に進みすぎていたからだろう。いずれにせよポワレが一九世紀の身体を新しい美学で切断し、二〇世紀ファッションの道をひらいたことはたしかである。ウィーン分離派が歴史様式からデザインを解放し、ル・コルビュジエやバウハウスを準備したように。それが歴史が彼に課した使命だったのかもしれない。

※注

（1）Valerie Steele, "The Corset: A Cultural History," New Haven and London, Yale University Press, 2001, p. 149.
（2）ポール・ポワレ『ポール・ポワレの革命』文化出版局、一九八二年、五三～四頁。
（3）Palmer White, "Poiret," New York, Clarkson N. Potter, 1973, p. 23.
（4）White, ibid., p. 39.
（5）ポワレ、前掲書、七八頁。
（6）Peter Wollen, "Raiding the Icebox," London and New York, Verso, 1993, p. 13.
（7）エドワード・W・サイード『オリエンタリズム』平凡社ライブラリー、一九九三年を参照。
（8）John Carl Flügel, "The Psychology of Clothes," London, Hogarth Press, 1930.
（9）アン・ホランダー『性とスーツ』白水社、一九九七年を参照。
（10）White, ibid., p. 111.
（11）ポワレ、前掲書、一四三頁。
（12）Peter Wollen, 'Addressing the Century,' in "Addressing the Century," London, Heyward Gallery, 1998, p. 10.
（13）ポワレ、前掲書、一三〇頁。
（14）ポワレ、前掲書、一〇三～四頁。
（15）ポショワール技法については、荒俣宏『流線型の女神』星雲社、一九九八年を参照。
（16）Nancy J. Troy, "Couture Culture," Cambridge and London, The MIT Press, 2003, pp. 215-7.
（17）Troy, ibid., p. 230.
（18）Wollen, "Raiding the Icebox," p. 22.
（19）White, ibid., p. 140.

※図版出典

1～2、4～8、Palmer White, "Poiret," New York, Clarkson N. Potter, 1973.
3、John Percival, "The World of Diaghilev," London, Herbert Press, 1979.

第3章　ガブリエル・シャネル　モダニズム、身体、機械

シャネル神話を超えて

ファッションデザイナーのなかでもっとも有名な女性はガブリエル・シャネルだろう。彼女の伝記は日本で出版されているものだけでも一〇冊以上にのぼるが、ファッションの世界でこれくらい愛されている人物はほかに見あたらない。その知名度は服飾の領域にとどまらず、二〇世紀を代表する女性のひとりにあげられることもしばしばである。しかも一九八〇年代にシャネルブランドは奇跡の復活をとげており、現在もこのブランドの名を耳にする機会はけっして少なくない。

シャネル人気の高さは、その波瀾万丈の人生によるところが大きい。孤児同然の少女時代、仕事と恋にあけくれた青春期、事業の成功と有名人との交流、そして突然の引退と執念の再起――。野心と失意、恋愛と別離、成功と挫折を乗り越えて自立と名声を求めた生涯はさながら一大メロドラマだ。ブランドが現存するせいか、彼女の物語はマスコミでも繰り返し語られてきた。家族も財産も学歴ももたず、才覚と努力によって自分の道を切りひらいたシャネルは現代女性の理想像なのだろう。

しかし彼女がデザイナーとしてなにを達成したかを見きわめるのはそう簡単ではない。たとえばシャネルはパリモードにおいてはじめて成功した女性として語られることがあるが、これは事実ではない。シャネルに一〇年以上も先駆けて、ジャンヌ・ランヴァン（一八八九年起業）、ジャンヌ・パキャン（九一年）、キャロ姉妹（九五年）のような女性たちがクチュリエールとして一家をなしていた。パキャンはポワレと同じくオリエントの影響をうけたデザインで知られ、バレエ・リュスの衣装をつくったり、アメリカでファッションショーを開いたりしている。またシャネルとほぼ同時期に独立したデザイナーにマドレーヌ・ヴィオネがいた。

同様に、香水シャネル五番を成功させジュエリーデザインを手がけたおかげで、ブランドビジネスに最初に乗り出したようにいわれるが、すでに見たようにこの分野で先鞭《せんべん》をつけたのはポワレである。経済的理由から手放すことになるとはいえ、彼のロジーヌ香水やマルチーヌ工房はそれなりの成果を収めていた。

さらにシャネルはスポーツウエアやテーラードスーツを女性ファッションに取り入れたとされるが、これも彼女の専売特許ではない。すでに女性たちはこうした実用的な服装をするようになっており、このころには既製服産業も成長してきていた。クリノリンやバッスルは歴史の彼方《かなた》に去り、コルセットも過去の遺物になろうとしていた。シャネルに先駆けてコルセットを外したデザインを考案したのはポワレやヴィオネである。造形的に見てもヴィオネが斬新なカッティング技術で高く評価されているのにたいして、シャネルの技術やデザインが注目されることはあまりない。ヴァレリー・スティールによると、シャネルのデザインは一九二〇年代のほかのデザイナーとくらべて大きな相違はなかったという。[1] ライバルとされていたジャン・パトゥのファッションはシャネルとほとんど変わらない。

ガブリエル・シャネルはもともとカリスマ的な魅力があったうえに、本人やマスコミが言動を誇張することで、その人生は虚実いりまじった神話となっている。いまや彼女がまるで二〇世紀ファッションを独力でつくりだしたかのような、あるいは女性解放運動の旗手であるかのようなイメージさえ流布されている。しかしそうした誇張はシャネルを理解するうえで健全なことではないだろう。ここではシャネル神話からすこし距離をおきつつ、そのファッションデザインの意義について考えてみたい。

モダンガールの二〇世紀

なによりシャネルの偉大さは二〇世紀女性にふさわしい人生をみずから生き、ひとつの模範解答を示したことにある。彼女は二〇世紀が産声をあげた現場に立ち会い、その空気を胸一杯に吸い込んで、ファッションをとおして表現したのであった。その意味でシャネル最大の作品はまず彼女自身であり、その存在が神話化したのもゆえなきことではなかった。

ガブリエル・ボヌール・シャネルは一八八三年フランス・ロワール地方の小さな村ソ

ーミュールに生まれる。父は貧しい行商人でほとんど家におらず、母は宿屋の女中をしていた。五人の子どもの面倒を見ていた母が病没すると、親戚からの助けもなく一家は離散。ガブリエルは姉ジュリアとともに孤児院にあずけられることになる。父はもともと妻子への愛情が薄く、これを最後に娘たちの前に二度と姿を見せなかった。シャネルが生い立ちや父親について語ったことには創作が多かったというが、それほどに少女時代の体験は過酷だったのだろう。

九五年オーバジーヌの修道院に入れられたシャネルを待っていたのは質素な生活と厳しい規律の日々だった。修道院の建物は黒い屋根とベージュ色の壁を基調色としており、孤児たちは黒と白の制服を着せられた。のちにシャネルがモノトーンのファッションを好んだのは修道院時代の記憶と結びついているという指摘もある。ここで彼女は裁縫の技術を身につけた。一七歳になると今度はフランス中部の都市ムーランの寄宿舎に送られ、一八歳からお針子として働きはじめる。

一九〇五年、都市の自由で享楽的な空気に魅せられて、シャネルはお針子からカフェの歌手に転職する。ムーランには陸軍の宿舎があり、若くて美しいガブリエルはたちまち騎兵たちの人気者となった。「ココ」という愛称はそのころ歌っていたシャンソンの歌詞に由来してつけられたものだ。ここで彼女はエティエンヌ・バルサンというブルジョワ出身の青年将校と出会い、その愛人となる。歌手としての将来に見切りをつけたシャネルはバルサンの領地があるパリ近郊都市ロワイヤリュに移って馬に乗るのに熱中した。バルサンは乗馬や競馬を好み、ロワイヤリュに牧場をもっていたのだ。テーラーに仕立てさせた乗馬服を着てさっそうと野を駆ける彼女の姿を見た当地の女性たちは、そのスポーティなスタイルやシンプルな帽子を模倣するようになる。ガブリエルはファッションリーダーとしての資質を自覚しはじめていた。

一九〇九年、独立心に目覚めたシャネルはバルサンに援助を求め、パリで帽子屋を開くことにする。二〇世紀前半まで帽子はファッションに不可欠なアイテムであり、十分な需要があった。シャネルはほかの一流帽子店からスタッフを引き抜き、叔母や妹とともに懸命に働き、商売を軌道にのせていく。

成功のひとつの理由はシャネル自身が女性として魅力的だったことがある（叔母アドリエンヌと妹アントワネットの美しさも評判となっている）。新しいファッションは最初にそれを身につける人物によって左右される。ワースが妻マリーやウージェニー皇妃やメッテルニッヒ公爵夫人をとおして名をあげ、ポワレが妻ドニーズ、女優レジャーヌや舞踏家ルビンシュタインを広告塔としたように、斬新なデザインは女性たちの憧れとなるカリスマがまとうことで流行となる。シャネルは現代を生きる若い女性であり、新しいファッションにふさわしい魅力的な容姿と個性的な雰囲気をもっていた。実はこれこそがほかの女性ドレスメーカーにはなく、彼女だけがもっていたものである。ランヴァンやヴィオネは中年婦人然としていて、シャネルのような若さやカリスマはなかったのだ。

シャネルの帽子は装飾のないシンプルなデザインを特徴としており、「記念碑」のように装飾されたほかの帽子とはあきらかにことなっていた。それは当時の流行や慣習をあえて無視した、いわゆるアンチモードである。ここにはシャネルのデザイナーとしての片鱗がすでに現れている。

一九一〇年ガブリエルは事業を拡大するため、パリのカンボン街に本拠を移した。このころはイギリス人青年実業家アーサー・カペルと交際するようになっており、彼から資金繰りなどの協力を得ることができたのだ。カペルはバルサンの友人でロワイヤリュにもよくやってきたハンサムなスポーツマンである。事業に遊びにエネルギッシュに取り組むカペルからシャネルは大きな刺激を受けた（ふたりの関係は一九年カペルが自動車事故でこの世を去るまで続く。彼は妻帯者だったが、遺言でシャネルに多額の財産を残している）。

シャネルは一三年ノルマンディー地方の海辺の保養地ドーヴィルに帽子とスポーツウエアの店をオープンする。ドーヴィルは上流階級がリゾートにやってくる町であり、第一次世界大戦前夜にもかかわらず、店は繁盛した。また一六年にはスペイン国境に近いリゾート地ビアリッツにも進出し、アトリエつきのファッション店を開いている。このころ戦争は激化していたが、スペインは中立国だったので社交界は安泰で、こちらも成功を収めた。

一九一六年ビアリッツ時代のシュミーズドレスがすでにアメリカの雑誌（「ハーパー

スバザー」と「ヴォーグ」にとりあげられている。これはウエストラインのゆるやかな、ストレートなシルエットのドレスで、その胴部に細かく刺繡がほどこされているものだ。

同年、シャネルはジャン・ロディエという製造業者の機械編みニット素材ジャージーに目をつけている。ロディエは当初この素材をスポーツウエアや寝間着に使うことを念頭においていたが、形がつくりにくいうえに地味なため人気がなく大量の在庫を抱えていた。しかしシャネルはジャージーの動きやすさとからだのラインを強調しない性質が気に入ったらしい。戦争のため布地は不足していたが、機械編みのため生産も比較的たやすい。このような質実な素材はこれまで高級服には用いられなかったにもかかわらず、シャネルはこの素材をつかってウエストをしめつけないジャージードレスを発表したのである(図1)。色もベージュやグレーなど地味な色が選ばれ、スカートの裾丈もくるぶしが見えるくらいに上げられた[2]。

シャネルが実用性のあるファッションをつくるようになったのは、自身が仕事やスポーツに励むライフスタイルをもっていたこと、労働者階級出身でパリモードの伝統にとらわれなかったこと、初期にリゾートウエアをつくっていたことを考えると、いわば自然のなりゆきであった。さらに注目するべきは、第一次世界大戦がシャネルの台頭を決定的なものにしたということだ。これによって「ベル・エポック」の世界は時代遅れとなっていく。

第一次大戦はヨーロッパが体験するはじめての「総力戦」であった。総力戦とは戦争遂行にすべての国力を優先的に注ぎ込み、国民全員を動員する戦争のことである。男性はもちろん女性や子どもも銃後を守るための労働力としてこれに従事させられた。戦争によって女性の社会進出は加速する。欧米諸国で女性参政権が認められたのは第一次大戦がひとつの契機となっているが、それは女性を「国民」として戦力に算入する必要があったからである。

また機関銃、戦車、飛行機などの兵器が導入され、西部戦線では毒ガスも用いられるなど、この戦争により兵士たちは無差別に大量殺戮される事態にさらされた。過酷な戦争を体験した復員兵は心身ともに深く傷つき、若者たちは伝統的な価値観に疑いを抱いて旧世代からの断絶を主張するようになった。戦死者は八五六万人、行方不明者七七五万人、負傷者二一二〇万人にのぼり、いまでもヨーロッパでは「大戦」といえば第一次世界大戦をさすという。(3) 一九世紀は第一次世界大戦によって終わったといわれるほど、

上・図1
1916年にシャネルが発表したジャージードレス
下・図2
1926年「小さな黒いドレス」。「シャネルとサインされたフォード車」と評された

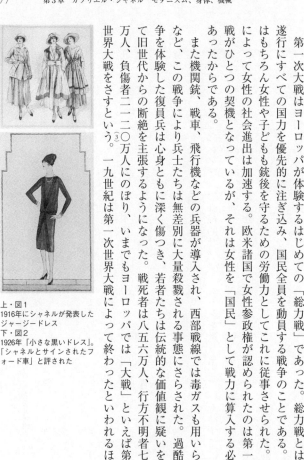

ヨーロッパの歴史にとっては大きな出来事であった。

このような激動を背景にしてファッションの世界も装飾や色彩から機能やモノトーンへ、ポワレからシャネルへと世代交代していくのである。

モダニズム、身体と機械

第一次世界大戦が終わってから世界恐慌がおこるまでの一九二〇年代を、アメリカでは「ローリング・トゥエンティーズ」、フランスでは「レザネ・フォル」と呼ぶ。いずれも狂乱する時代といった意味で、本格的な大衆消費社会が花開き、若い世代が中心となって新しい文化や芸術が生まれたのである。このころ活躍した女性たちをモダンガールというが（日本にもいわゆる「モボ・モガ」が登場する）、新しい時代精神は彼女たちが身にまとったファッションにもあらわれたのであった。

一九一九年、シャネルはカンボン街で本格的にオートクチュールを開始、ここから装飾や色彩をとりさったシンプルで直線的なファッションを送り出していく。すでに見たように一六年にはこのようなデザインが採用されていたが、その方向がより強められていったのである。そのひとつの頂点が一九二六年にアメリカの「ヴォーグ」誌がイラストを掲載した「小さな黒いドレス」であった。これは黒一色のドレスであり、現在の目から見ても驚くほどシンプルなデザインである（図2）。

もっとも服装の簡素化はこの時代のトレンドであり、シャネルの独創ではなかった。

二〇年代は「若さ」が身体の美しさの基準になっていく時代である。女性の社会進出により家にこもって家事や育児をするライフスタイル、成熟したからだ、豊満な胸や腰は過去のものとなりつつあった。スリムなボディ、細くて長い腕や足が流行となり、女性たちがからだを細く見せようとダイエットに励むようになったのもこのころだ。二二年パリでは不実な婚約者を棄てて自由恋愛と仕事に生きる女性を描いた小説『ギャルソンヌ』が話題となり、ショートカットにボーイッシュな「ギャルソンヌ・ルック」が流行している。

重要なことは、小さな黒いドレスに時代の最先端と相通ずる美学が反映されていたことである。このスタイルにはモダニズムの精神が明確に表現されていた。

このドレスの特徴はまず装飾を極限まで削ぎ落としたデザインにある。装飾を排除したのは運動や実用が目的だったのだろうか。いや、おそらくそうではない。それはシャネルの服飾美学と結びついていたのである。彼女は装飾や贅沢を忌み嫌っていた。シャネルは仕事場でデザイン画を描いたり布地を縫製したりすることはなく、スタッフがつくっている服から余分な装飾をハサミで切り取っていくのだという。[4]

モダンデザインはさまざまな理念や目標をもった人々によって二〇世紀前半に形成されていくが、造形面でめざされていたのは装飾を排除することであった。モダニズム建築の先駆者アドルフ・ロースはデザインにおける装飾を批判したことで知られている。彼は「装飾と犯罪」（一九〇八年）という有名なエッセイにおいて、人間が自分や生活空間を装飾したいという欲求は野蛮なものであり、理性の力でこれをおさえることが文明の進化にほかならないと主張した。ロースによれば、装飾は未開人や水夫が皮膚にタトゥーを入れるのと同じで、いわば犯罪的な行為なのである。現代人は欲望をおさえる意志の力を無装飾によって誇示するべきなのだ(5)。ロースから見ると、歴史様式からの訣別を宣言したというウィーン分離派さえも、不必要な装飾をしている点で許しがたいものであった。

とはいうものの、ロースは装飾そのものを否定したのではない。彼の建築には装飾や過去様式が見られ、そのインテリアデザインには五感、とくに触覚に訴えかけるような色彩やテクスチャーが用いられていた(6)。またロースは服装やテーブルマナーなどについても一家言あり、ロンドンに高級紳士服をオーダーするようなダンディであったという(テーラードスーツは無装飾かつ機能的であるという意味で服飾のモダンデザインの源流にあるといえる)。

シャネルのドレスには過去や伝統からの断絶を宣告する意志が感じられる。彼女はジュエリーデザインも手がけ、模造の宝石や真珠をつかった大ぶりのネックレスなどをつくっているが、これも装飾の役割はアクセサリーに代替させて、ドレスは可能なかぎりシンプルにすることを目的としていたように思われるのだ。

無装飾は香水シャネル五番のコンセプトにもうかがえる。彼女はこの香水を作るにあたって、ポワレのような花や植物など自然の芳香をイメージするものではなく、化学的で人工的な香りをあえて選択した。それは八〇もの成分からなる複雑な調合だった。また香水の常識に逆らい、ネーミングやボトルにもロマンチックな物語性や柔らかな曲線ではなく、直截《ちょくせつ》な名前や直線的なデザインが採用されている（シャネルが棚に並べられた香水の五番目を選んだことが名前の由来であったという）。シャネルはそれ以外のなにも指示しない純粋なフォルムを求めたのである（図3）。

小さな黒いドレスのもうひとつのポイントは身体の抽象化である。このドレスは女性の身体を直線的なラインへ還元する。「ヴォーグ」誌のイラストに描かれている女性は官能的な曲線美によって異性を誘惑するファム・ファタルというより、屋外で運動する機械＝ロボットのようだ（ミニマムなデザインの帽子がその印象をさらに強くしている）。それは「ヴォーグ」誌がこのイラストに「ここにあるのはシャネルとサインされたフォード車である」ということばを添えていることによってさらに強調される。シャネルはスポーツウエアなど機能的な服の制作からキャリアを始め、みずからも乗馬など

上・図3
香水シャネル五番のデザインにはモダニズムの思想が行き届いている
下・図4
近代建築、自動車、そしてモダンガールのファッション

スポーツをよくしたが、このドレスには身体を機械としてとらえるような発想が視覚的に表現されている。

機械はモダニズムの重要なメタファーである。一九世紀から二〇世紀にかけて、自動車や機関車がもたらした動力や速度により人々の感覚や知覚は大きく変容した。このような事態は芸術家たちにも大きな影響を与え、ヨーロッパにおいて「機械的身体」の美学を生んでいる。キュビスム、未来派、表現主義などの前衛的な芸術運動はテクノロジーが人間や社会を改変していくことに両義的な感情を抱き、機械や速度によって変形していく身体イメージを繰り返し提示した。たとえば「新しい速度の美学」を唱えた未来派のウンベルト・ボッジョーニは「空間における連続性の独自の形状」と名づけた作品で、運動や速度と一体化したような奇怪な人体像を造形している。(7) さらに第一次世界大戦によりテクノロジーの圧倒的な威力が自明のものとなっていった。

機械のように生産される人間、ロボットの概念が登場するのもこのころだ。一九二〇年カレル・チャペックは戯曲『R．U．R．』において、工場の流れ作業のシステムにより部分から組み立てられる人造人間ロボットを考案した。機械人間のイメージはほかの芸術にも登場し、たとえばバウハウスのオスカー・シュレンマーはダンス・パフォーマンス「トリアデック・バレエ」(一九二二年)において円形や円錐などの幾何学的コスチュームをつけたダンサーに機械のような人工的な動きをさせている。シュレンマーは人間と空間の関係を幾何学的に配置して再構成したが、そこには人間を機械ととらえる発想が見てとれる。フリッツ・ラングが映画『メトロポリス』（一九二六年）で描いたロボット・マリアも代表的な機械的身体のイメージだろう。

ドレスと機械を並列するのは突飛な発想に思われるだろうか。たとえばル・コルビュジエは『建築をめざして』（一九二三年）のなかで、パルテノン神殿とスポーツカーの写真をならべることで、両者の類似性を証明しようとしている。彼にとっての建築美学とは、古代神殿の様式と自動車のボディに共通するプロポーションや調和の美を発見することから始まるのだ(8)。

ル・コルビュジエはスイス時計産業の拠点ラ・ショー・ド・フォンに生まれ、美術学校で彫金時計を学び、建築家として世に出る前は抽象的な形態を追求するピュリズムの画家として活躍している。時計はヨーロッパの先端技術の結晶であり、スイスはフランスで迫害された新教徒の技術者や思想家が亡命した地である。彼が機械に世界の美と調和のメタファーを見たり、科学的な知性こそが新しい建築をつくりだすという信念をもっていたことはすこしも不思議なことではなかった（ちなみに一九二〇年代は懐中時計から腕時計に移行する時期であり、機械をからだに密着させることが普通になっていく）。

シャネルは機械を例にして自分の仕事を説明しようとはしなかったし、そのような意図も知識もなかったろう。しかし彼女はモダニズムの精神をしっかりと吸収していたのである（彼女はル・コルビュジエの四歳年上で、活躍した時期はほぼ同時代であった）。

複製技術時代

ヨーロッパのモダンデザイン運動において大量生産は大きな課題であった。バウハウスは工業技術によって家具や建築を量産するための規格化・ユニット化に手をつけていたし、ル・コルビュジエも量産住宅に取り組むなかで、ドミノシステムというアイデアに到達している。彼は自動車のシトロエンにちなんで「シトロアン住宅」というアイデアを温め、それをこう語っていた。「自動車のような住宅で、バスや船のキャビンのように構想され組み立てられている……。住宅は住むための機械あるいは道具として考えなければならない[9]」。大量生産はより多くの人々に同じものを行き渡らせ、大衆の生活を向上させるというユートピア的発想に根ざすものであった。

コルビュジエが「住むための機械」としての住宅を提唱したとするなら、シャネルのドレスは「着るための機械」というイメージをアピールしたといえるだろう（図4）。アメリカの「ヴォーグ」誌が小さな黒いドレスを自国産のフォード車にたとえたとき、そこにはアメリカ流の民主主義をも示唆しようとしていたはずだ。シャネルのドレスはシンプルかもしれない、しかし「同じマークの車が同じ型だからといって、買うのを躊躇するだろうか。反対だ。類似こそは品質を保証する。……ここにあるのはシャネルとサインされたフォード車である。この服を全世界が着ることになるだろう[10]」。

フォード車は本格的な大量生産に成功したはじめての大衆車である。もともと自動車が実用化されたのはドイツだったが、一般向けの大衆車の生産に取り組んだのはアメリカであった。ヨーロッパの自動車は上流階級の娯楽として発達したが、国土の広いアメリカでは娯楽よりも移動手段としての実用性が重視された。そのためには生産コストを低減して価格を下げなければならない。

ヘンリー・フォードは安価な大衆車を作るべく、部品の規格化、アッセンブリーライン（流れ作業）の導入、労働作業の効率化などの新しいシステムを次々と取り入れていく。車体の色も価格を考えて黒一色に絞られた。「黒ければ何色でもいい」というのがフォードの最終決定だったという。[11]一九〇八年T型フォードが発売され、自動車はアメリカ中に広まっていく。

この「黒のフォード車」は消費の前の平等というアメリカ民主主義のイデオロギーを象徴するものであった。「ヴォーグ」誌がフォードを例に出したのは、シャネルのドレスに大量生産による民主性をイメージさせるとともに、アメリカの新しいライフスタイルを重ねようとしたためであった。アメリカはこのころ消費文化による「アメリカ的生活様式」を模索しており、そうした風潮にシンプルなドレスは適していた。

実際にはドレスはアッセンブリーラインに載せることがむつかしく、自動車のように大量生産できるわけではなかった。アメリカのファッションジャーナリズムは時代のシンボルとしてのシャネルに注目したということだ。

そもそもシャネルは一般大衆にむけて服をつくっていたのではない。彼女は一九一五年きわめてシンプルなスポーツウエアを七〇〇〇フラン（現在の約二〇〇万円以上）で販売しているが、それは同時代のデザイナーに比べてもかなり高価なものであったという。[12] 自身は労働者階級の出だったが、商品を安価に提供しようとしたことはなく、ビジネスでは上流階級やせいぜい中間層の顧客を相手にしていたのである。当時のモダンガールの多くはオリジナルのシャネルにはとても手が出せなかったのではないか。

その一方、シャネルのデザインはシンプルなので容易にコピーすることができたし、シャネルもコピーを大目に見た。彼女にとって自作がコピーされるのはデザインが高く評価されたからであり、むしろ歓迎すべきことなのであった。シャネルはコピーをとおして自分の作品が広まっていくのをとても喜んだという。もっともシャネルの服は最高級の素材や技術を用いてつくられていたので、デザインだけを模倣しても似て非なるものにしかならないのであるが(図5)。

たいていのオートクチュールはデザインが盗用されることを嫌う。アメリカはパリモードを崇拝してきたし、それをコピーするのが常道であった。ポール・ポワレは一九一三年に渡米したとき百貨店に自分のメゾンのコピー商品が並んでいるのを見て驚き、帰国後業界紙の「ウィメンズ・ウエア」に「偽造レーベルへの警告」という抗議文を掲載した。[13] 彼がほかのデザイナーたちと協同してアメリカにおける著作権保護運動を展開したのはすでに見たとおりだ。

コピー商品はフランス国内でもさかんにつくられていた。一九二〇年キャロ姉妹はデザイン画のコピーを掲載したファッション雑誌を告訴、一三年にもパキャンがデザイン盗用した会社を相手に訴訟をおこしている。彼女たちはかろうじて勝訴しているが、その損害賠償額は請求額を大きく下回るものであった(14)。

複製可能性はファッションデザインという創造の根本にある問題である。もともとオートクチュールはモデルにもとづいて同じデザインを量産することを前提としている。高価な素材や優れた技術が使われていても、顧客のための服はモデルの複製である。オートクチュールはつねにコピーによってしか製品化されることはない。また、同じモデルから性質のことなる服がつくられることもある。クチュールメゾンはモデルを発表したのち、国外の百貨店や量販店にいわゆる「オリジナル・コピー」というサンプルを販売している。百貨店はそれにもとづいて合法的に複製を販売し、量販店は安価な複製を販売した。そうしたドレスは素材や縫製の品質はオリジナルにくらべるとかなり劣るが、

現地生産により輸入関税を避け価格をおさえるというメリットもあった。

このような状況ではオリジナリティの定義も一筋縄ではいかない。ネームタグ（レー

上・図5
シンプルでストレートなシルエットのシャネルのドレス
下・図6
男性服をまとうシャネル（左）

ベル）やブランドロゴの違法コピーならまだわかりやすいが、服飾デザインは過去の服飾史のうえに積み上げられてきたものなので、どこまでがオリジナルでどこからがコピーなのかデリケートな判断が必要となる。現在でも違法にコピーされる商品は後を絶たないが、この問題は一九世紀から連綿と続いていたのである。

シャネルの興味深いところは「オリジナル」と「コピー」のあいだのヒエラルキーに執着しなかったことである。むしろ「本物」という価値観を蔑視していたふしさえうかがわれる。それがよくあらわれたのは模造宝石のとらえ方である。シャネルはフェイクジュエリーをつくっているが、これは本物の宝石をこれ見よがしにひけらかすのはばかげた行為であり、にせ物をつけることで女性の美しさは高まるという奇妙な信念にもとづいていた。本物よりも複製にリアリティを感じる感性に、オリジナルのアウラを求めなくなった複製技術時代の精神を読みとることもあるいは可能であろう。

ヴァルター・ベンヤミンは『複製技術時代の芸術作品』（一九三三年）において、写真や映画のような複製芸術には絵画や彫刻のような唯一性というアウラがなく、それを見ることに崇高なものを礼拝するような芸術体験がないと指摘している。複製技術によってつくられる新しい芸術は日常に遍在する展示的なものとなり、それは視覚だけでなく触覚的にも体験されることで大衆の世界観を変革していく。(15)

ベンヤミンは一九二六～二七年にパリに数度滞在しており、この体験にもとづいて『一方通行路』や『パッサージュ論』を書きはじめている。『パッサージュ論』は未完に終わったが、一九世紀パリの消費社会や資本主義を批判的に再構成する試みであり、モードについてもかなり詳細に調べていた。彼が滞在していたころのパリはまさにシャネル全盛期である。パリの街路を歩き回り、消費社会について思索をめぐらせていたベンヤミンはモードのモダニズムをどう観察したのだろうか。

シャネルがコピーを歓迎した真意はなんだったのか。ひとつにはシャネルならではの反骨精神があったにちがいない。シャネルはモードの世界に質素な素材や無装飾なデザインを持ちこむような挑戦的なものづくり、伝統や権威に反抗する姿勢を真骨頂としていた。それゆえコピーはオリジナルよりも劣るという常識を挑発したかったのかもしれない。もうひとつ考えられるのは、彼女自身のカリスマに自信を持つようになっていたからだろう。かつての孤児も二〇年代には貴族や上流階級と対等に交流し、バレエ・リュスや芸術家を後援するなどパトロネージにも取り組み、その社会的な地位を確立しつつあった。香水シャネル五番のヒットによりビジネスも順調に拡大していた。もはやコピーを意に介さないほどシャネルは時代のアイコンになりつつあったのである。

アンチモードとダンディズム

シャネルは越境する。彼女は孤児同然に育った女性として階級やジェンダーの障壁をのりこえて社会へ進出していったが、こうした境界を侵犯する経験が独自のアンチモードの美学へと結晶していく。

シャネルは男性服から多くを学んでいる。とりわけ衣服の素材や機能性については男性服に触発されるところが大きかった。一九一六年のジャージードレスはもともとスポーツウエアや寝間着のために開発された素材を用いたものだ。あるいは紳士服によく用いられた素材であるツイードを使ってカーディガンスーツを作っているが、ツイードも丈夫でしわにならずアウトドアに適した素材である。

シャネルは交際していた男性のワードローブから着るものをよく借用していた。ロワイヤリュでバルサンやカペルと乗馬やスポーツに興じていたとき、彼女は紳士服仕立屋に乗馬服をつくらせていた。彼女の相手は上流階級出身の裕福な紳士が多く、ファッションデザイナーとして成功してからの二〇年代は亡命ロシア貴族のディミトリ大公、イギリスのウエストミンスター侯爵のような大物貴族とも親しく交際している。英国王室の王位継承権をもっていたウエストミンスター侯爵はシャネルをロンドンの社交界だけでなく、豪華なヨット旅行に同伴したり、フランスやスコットランドにある別荘に連れて行ったりしている。シャネルがウエストミンスター侯爵のスポーティなジャケットを借りて「男装」している写真が残っているが、それは「シャネルスーツ」として知られているスタイルに似ていなくもない[16]（図6）。

このころ男性服を着ることはさぞ大きな解放感であっただろう。彼女がパリにやって来たころはポワレの全盛期でシルエットはかなりストレートなラインになっていたが、装飾やコルセットやガードルはまだ不可欠だった。それにたいして男性服はすでに一八世紀より装飾や拘束を脱しつつあり、機能性を獲得する方向へと進化していたのである。

これに関連する男性服の美学にダンディズムがある。

ダンディズムの由来は一八世紀後半から一九世紀前半にかけて活躍したイギリスのダンディ、ジョージ・ブランメルの人生哲学にさかのぼる。多くの貴族がまだ装飾過剰な衣装をまとっていた時代に、ブランメルは装飾のない地味なジャケットやズボン、糊《のり》のきいた真っ白なシャツを着用し、その完璧に磨きあげたスタイルによって、平民出身でありながら皇太子からも一目置かれていた。

彼の服装はいっさいの装飾や模様を取り去り、テーラーの高い技術によってからだにぴったりとフィットするように仕立てあげられていた。またブランメルは白いクラバット（ネクタイの原型）を巧みにかつ独創的に結ぶために多くの時間を費やし、着つけには毎朝二時間をかけたといわれている。ブランメルのダンディズムは流行から超然と身を離したアンチモードであり、卓越した技術により作られ細心の注意を払って着用されているにもかかわらず、表面的にはシンプルに見えるスタイルのことであった。

テーラードスーツは英国のジェントリ（郷紳・地主貴族）が着ていた乗馬服から発展してきており、その根底には機能性や実用性が胚胎《はいたい》されていた。また、英国のテーラードスーツは古代ギリシャ・ローマ時代の彫像のような肉体美を理想にしていたところがあった。[17] 一九世紀において紳士服は機能的にも美学的にも現代と遜色のないくらいの域に達していたのである。アドルフ・ロースがロンドンの高級紳士服をオーダーしたというのは、男性服のダンディズムの美学を評価していたからであろう。無装飾でありながら古典的なプロポーションをもつスーツはモダニズム建築の美学を先取りしていたといえる。

シャネルもまた男性服を着ることをとおしてダンディズムを吸収し、それを女性服へと取り入れたにちがいない。血統や財産や権力をもつ貴族たちをシンプルなスタイルによって冷笑したブランメルの価値観はシャネルと共通するものがある。

黒を好んだことも両者の共通点である。少女時代に入れられていた修道院の色だとか、二〇年代の黒人芸術ブーム、モノクロ写真や白黒映画の影響、事故死した恋人の喪に服する感傷などさまざまな推測があるが、もっとも説得力が感じられるのは流行に惑わされない色として黒を選んだという説だろう。すべての色が含まれている黒には絶対という意味があるとシャネルは考えていたようだ。

男性服をまとうシャネルのイメージからもうひとつ連想されるのはトランスヴェスティズム、すなわち異性装である。二〇世紀になってゆるやかになったとはいえ、異性の服装をすることはキリスト教の伝統の強いヨーロッパではタブーとされてきた。はるか一五世紀のことではあるが、フランスは救国の乙女ジャンヌ・ダルクを異性装の罪を名目にして処刑したくらいだ。シャネルもよく交流していた女流作家コレットはときとして男装して外出したり舞台に立ったりしたが、それは彼女の同性愛者としてのアイデンティティを示すものであった。やはりこの時代に活躍した画家ロマーヌ・ブルックスは黒いテーラードスーツ姿のレズビアン芸術家の肖像画を描いているが（そのなかには自画像もある）、それらは女性が男性向けのスーツを着ることの倒錯したエロティシズムを漂わせている。[18]シャネルが同性愛者であったことを示す資料は見あたらないが、異性装のもつ強烈な魅力や挑発性に気づき、それをファッションに取り込もうとしたのかもしれない。

ブランメルがそうであったように、シャネルも流行や装飾から距離をおいた独自のスタイルをつくりあげていった。シャネルは自分が着たい服をファッションとして発表してきたし、女性のファッションは女性にしかつくれないという強い信念をもっていた。それにたいして男性デザイナーのジャン・パトゥは異論をとなえている（パトゥは二〇年代にスポーツウエアを取り入れたファッションを発表し、時代のファッションリーダー、テニス選手シュザンヌ・ラングランに衣装を提供している。彼はシャネルのライバルと目されていたが、三六年に比較的若くして亡くなったせいか現在ほとんど顧みられることはない）。

逆にいえば、シャネルは身にまとうものとしての服にしか興味はなかったし、スペクタクルなファッションをつくる才能にはさして恵まれていなかったということでもある。一九二四年シャネルはバレエ・リュスの舞台『青列車』の衣装を担当している。第一次大戦後ディアギレフはかつて一世を風靡《ふうび》したエキゾチックなオリエンタリズムからモダンで現実的な路線へと劇団のテーマを変えていこうとしていた。

この舞台はバレエ、アクロバット、パントマイムなどさまざまな舞台芸術を混交しようとしたもので、音楽にダリウス・ミヨー、歌詞をジャン・コクトー、緞帳《どんちょう》とプログラムのデザインにピカソなど、錚々《そうそう》たるアーティストが参加した。「青列車」とはパリ―コートダジュール間を結び、有閑階級がレジャーに出かけるために乗った列車のことを指す。このダンスオペレッタには「ハンサムキッド」「テニス選手」「ゴルフ選手」「水泳美女」などのカリカチュアされた人物が登場するが、シャネルはテニス選手にスポーツウエア、水泳美女には水着などのきわめて現実的な衣装をデザインしている（図7）。

それらは舞台のコスチュームというより、むしろ現実に存在するワードローブであった。ある雑誌はこう評している。「（この舞台は）喜劇やパロディでさえなく、……シャネルの水着やおしゃれなリゾートウエアを着たマヌカンたちの手のこんだ行進にすぎない」(19)。公演は成功とはいいがたいものだった。

ほかにもシャネルは舞台や映画の衣装を手がけているが、コスチュームのデザインとして特に目をひくような仕事は残していない(20)。彼女は芸術家たちをパトロネージすることはあっても、彼らからインスピレーションを受けたり影響を与えたりしたことはなかった。シャネルにとって衣服はあくまで現実の生活のなかに存在するべきものだったからである。

凋落から復活へ

一九三〇年代になるとシャネルはシンプルなモダニズムではなく装飾的なロングドレスをつくるようになる。これは時代の流れであった。二九年にはじまる世界恐慌によって不況が重くのしかかり、第二次世界大戦に突き進んでいく暗い世相のなかで、ファッションも保守化していく。シャネルのデザインはかつての鋭利さを失うが、ビジネスは三五年には従業員数四〇〇〇人にのぼるほどに成長していた。

第二次世界大戦は多くのパリのファッションデザイナーと同様、シャネルの運命を大きく変えてしまう。四〇年六月ドイツ軍はパリを占領、ファッション産業はドイツの支配下におかれた。シャネルはすぐに香水とアクセサリー部門を残して会社を閉め、約三〇〇〇人の従業員を解雇。戦時中はドイツ人の愛人をつくってリッツホテルで暮らしている。

この時期のシャネルはイギリスとドイツの講和をはかるべく活動していたという。その理由はユダヤ人実業家ピエール・ウエルトハイマー一族が保有していたシャネルの香水ビジネスの権利を取りもどすためである。山口昌子によれば、占領中ドイツはユダヤ人にすべての財産所有権を放棄させるユダヤ人取締法を施行したので、シャネルはこれを利用しようとしたが果たせず、戦争を一気に片づけようとしたらしい(21)。当然ながら結果的には頓挫するが、戦争の早期終結に向けてチャーチルとヒトラーを会談させようと画策していたという記録が残っている。ウエストミンスター侯爵をとおしてチャーチルとは面識があったし、ドイツ人の恋人はナチスのスパイだったらしいので、あながち夢物語とは思っていなかったのだろう。こうした対独活動は彼女の後半生にひとつの影を投げかけることになる。対独協力者としての処罰は免れたが、戦後スイスに逃れて引退生活をおくっているのはそのためだろう。

五四年、シャネルは突然カムバックを敢行した。

引退から復帰した理由は第二次大戦後にモード界を席巻したクリスチャン・ディオールのニュールック旋風だったといわれている。これはかつての優雅な曲線美のファッションであり、シャネルはそこに自分が闘ってきた旧制度の復活を見たという。一方、退屈でたまらなかったからとも発言しており、本当の理由は藪《やぶ》の中である。いずれにせよ高級ファッションハウスを再開するには相当な資金が必要となるが、それにはウエルトハイマーも出資しており、戦時下のトラブルは解決したようである。

しかし、その復帰コレクション（新作発表会）を見たフランスの人々は失望した。それはあまりにかつてのシャネル調であり、中年女性風に見えたからであった（当時シャネルはすでに七一歳になっていた）。シャネルは自分のスタイルを変える気はなかったということだ。当然のことながらフランスのジャーナリズムはこれを酷評している。

ここでも救いの手をさしのべたのはアメリカ人だった。アメリカでシャネルは好調な売れ行きを示した。そのクラシックなスタイルは保守的なアメリカの中上流階級の女性たちには好ましいものだったのだろう（図8）。アメリカの「ライフ」誌はシャネルの三番目のコレクションを四ページにわたってとりあげ、「彼女はすべてに影響を与えている。七一歳でガブリエル・シャネルはモード以上のもの、つまり革命をもたらしている[22]」と述べている。シャネルスーツはアメリカの有力な女性たちのお気に入りとなり、ジャクリーヌ・ケネディが公式な場所で着ていたことでも知られている（ジョン・F・ケネディ大統領がダラスで射殺されたとき、オープンカーのとなりに座っていたジャクリーヌが着ていたのもシャネルスーツであった）。

アメリカがシャネルを高く評価した一九二〇年代と五〇年代は、かの国の消費社会の歴史における重要な時期にあたっている。二〇年代はアメリカの大衆消費社会が離陸し、新しい「アメリカ的生活様式」を模索していたころであり、五〇年代は第二次世界大戦後の世界をリードする超大国として、未曾有の繁栄を享受した時代であった。豊かなアメリカの生活がテレビや映画から発信され、憧れのまなざしで仰ぎ見られるようになっていた。新しいユートピアにふさわしいファッションを求めていたアメリカにシャネルは理想的なモデルとなったのである[23]。

上・図7
バレエ・リュスの『青列車』のためにシャネルは舞台衣装を担当する
下・図8
戦後に発表された、シャネルスーツのスタイル

シャネルはモダニズムの精神のもとに女性身体をひとつのスタイルに統合した。彼女の才能は独創的なものをつくりだすというより、時代の息吹を感じ文化のさまざまな要素を自在に編集することで、新たな価値観を生みだすことにあった。それこそが時代の挑発者としてのファッションデザイナーにとって必要な資質にほかならない。

※注

(1) Valerie Steele, 'Chanel in Context,' in Juliet Ash & Elizabeth Wilson (eds.), "Chic Thrills," London, Pandora, 1992, p. 120.
(2) エドモンド・シャルル゠ルー『シャネル　ザ・ファッション』新潮社、一九八〇年、一九七〜二〇〇頁。
(3) 桜井哲夫『戦争の世紀』平凡社新書、一九九九年、一一〇頁。
(4) 山口昌子『シャネルの真実』人文書院、二〇〇二年、一九八頁。
(5) アドルフ・ロース『装飾と罪悪』中央公論美術出版、一九八七年を参照。
(6) 田中純『残像のなかの建築』未来社、一九九五年、三八〜六四頁。
(7) スティーヴン・カーン『時間の文化史』法政大学出版局、一九九三年、一七四頁。
(8) ル・コルビュジエ『建築をめざして』鹿島出版会、一九六七年、一一〇〜一一一頁。
(9) ノルベルト・フーゼ『ル・コルビュジエ』パルコ美術新書、一九九五年、四二頁。
(10) 山口、前掲書、一六〇〜一七〇頁、および Alice Mackrell, "Coco Chanel," London: B. T. Batsford, 1992, p. 31 より。
(11) 常松洋『大衆消費社会の登場』山川出版社、一九九七年、九頁。
(12) Steele, ibid., p. 120.
(13) Nancy J. Troy, "Couture Culture," Cambridge and London, The MIT Press, 2003, p. 237.
(14) Troy, ibid., pp. 242-6.
(15) ヴァルター・ベンヤミン「複製技術時代の芸術作品」『ベンヤミン・コレクションⅠ』ちくま学芸文庫、一九九五年所収を参照。

(16)ちなみに、現在シャネルスーツとして知られるスタイルは、シャネルが第二次世界大戦後の引退からカムバックした一九五四年以降に発表されたもののことである。

(17)アン・ホランダー『性とスーツ』白水社、一九九七年を参照。

(18)Joe Lucchesi, 'Dandy in Me,' in Susan Fillin-Yeh (ed.), "Dandies," New York, New York University Press, 2001, pp. 153-84.

(19)Rhonda K. Garelick, 'The Layered Look,' in Susan Fillin-Yeh (ed.), "Dandies," New York, New York University Press, 2001, p. 51.

(20)シャネルが衣装を手がけた映画としてよく知られているものにアラン・レネ監督『去年マリエンバートで』（一九六一年）がある。

(21)山口、前掲書二一八〜九頁。

(22)シャルル゠ルー、前掲書、四〇七頁。

(23)第二次大戦後のアメリカはシンプルなシャネルスーツに「シャネリズム」などの名称を与えるほどに、シャネルを支持した。アメリカの「ヴォーグ」誌がシャネルをどう表象していったかについては、平芳裕子「名称としての『シャネル・スーツ』」『服飾美学』第三六号、二〇〇三年を参照。

※図版出典

1〜3、5〜8、エドモンド・シャルル・ルー『シャネルの生涯とその時代』鎌倉書房、一九八一年。

4、Maria Luisa Frisa et.al. (eds.), "Total Living," Milano, Charta, 2002.

第4章　エルザ・スキャパレッリ　ファッションとアート

モダンデザインの曙

ファッションデザイナーは服づくりの創造性と市場性のふたつの位相を見なければならない。

前者の余地がなければ自分の存在理由がなくなってしまうし、市場に受け入れられなければ服そのものの存在理由がなくなってしまう。両者のバランスをとりながら独創性と商業性を追求することがデザイナーには求められる。

パリモードの強みはこの両輪を絶妙なバランスで駆動させてきたことだ。それにはオートクチュールを中核とする服飾産業の役割が大きい。彼らは個性あるデザイナーや高い技術をもつ職人を育て、流行を広める流通システムを確立し、質の高い服飾制作ができるようにバックアップしてきた。

しかしパリだけがファッションにかかわっていたわけではない。アートの分野でも、一九世紀後半からヨーロッパ各地で独自の発想から服飾デザインに取り組む動きがおこっている。彼らはなにより創造性を重視したものづくりをおこなうことで、パリとはまったく違う道を行こうとした。ここではファッションとアートの接点について見ていくことにしよう。

産業革命によって生活に大きな変化がおこった一九世紀以降、芸術家たちは歴史や伝統の桎梏《しっこく》から逃れて新しい様式を求めるようになる。モダンデザイン運動はそんな風にして始まった。彼らは必ずしも同じゴールを目指していたわけではなかったが、より民衆に開かれたものづくりやデザインを通した生活改革を掲げていたところが共通していた。そのなかのひとつに服飾も含まれていたのである。

一八六一年、ウィリアム・モリスは「生活のための芸術」を掲げ、中世の手仕事の世界を復興するための工房を設立、多くの仲間が共感して後に続いた。いわゆるアーツ・アンド・クラフツ運動である。モリスの工房では家具、インテリア、壁紙、食器、テキスタイル、本の装丁などを生産した。

すでに述べたように、このころモリスやラファエル前派の芸術家たちは審美主義ドレスとよばれる服装を発表している。このドレスには当時流行していたフリル、レース、ビーズ、羽飾りなどの華美な装飾はなく、シンプルな刺繍やスモッキング、古典や農民文化に触発されたデザインがほどこされ、中世に共感するモリスらの考え方が反映されている。(1)モリスは化学染料の強い色を好まなかったので、布地は天然染料を使ってサーモンピンクやインディゴなどの淡い色調に染められた。仕立ては全体にゆったりしており、コルセットを外してウエストを締めつけないようになっていた。

このドレスを着た妻ジェーン・モリスの肖像画や写真を見ると、たしかにワースのファッションとは対極にあるルーズなシルエットである（図1）。そのスタイルにはコルセットやロングドレスが女性の健康や衛生に有害という立場から考案されていた改良服（たとえばアメリア・ブルーマーが発表していたブルーマーパンツ）と共通するシルエットがあった。しかし、当時はコルセットをとることは道徳的退廃にほかならなかったので、審美主義ドレスも改良服運動も良識派から激しくバッシングされている。一方のモリスも社会主義の理想を抱いており、ブルジョワのための流行には批判的な立場をとっていた。

その後、一八九七年ウィーンで「総合芸術」を掲げた分離派が結成され、クリムトをはじめとする芸術家たちがそこに参加している。彼らはモリスの思想を受けて、美術工芸を新しい時代にあわせて革新すること、生活のなかに芸術を広げることを目指した。クリムトはギリシャやオリエンタリズムなどから影響を受けたローブをつくり、みずからもそれをまとった。これは「原＝衣服」、始原の服を探求しようとしたものだったという。[2] また彼は女性の肖像画を多く描いているが、絵のモデルに自分のデザインしたテキスタイルをつかった服を着せたりしている。

分離派を継承したウィーン工房のモーザーやホフマンも服に関心をもっていた。ホフマンの考えでは、衣服はそれのみで独立して考えるべきではなく、それが置かれる空間全体のひとつの部分として調和をもつようにデザインされるべきものであった。かれらのドレスもまた改良服のようなスタイルだったが、その装飾パターンは家具や壁紙のそれと同じものが使われ、ひとつの世界をなすように工夫されていた。

ウィーン工房は一九一一年に服飾部門を設立し、ヴィンマー＝ヴィズグリルを責任者として本格的な服飾生産に乗りだしている。しかしヴィズグリルほかメンバーのデザインは絵としては見事だが、服飾の知識や技能に乏しかったため、それに見合う実物をつくることはできなかったらしい[3]。

アーツ・アンド・クラフツもウィーン工房も服づくりを商業的に軌道に乗せることはできなかった。その大きな要因は彼らの製品が職人による手仕事や装飾芸術としての完成度に価値を置くあまりコストがかかりすぎ、一部の富裕顧客にしか手が届かなかったからであった。しかしワースやポワレをはじめパリモードに及ぼした影響を無視することはできない。新しい時代のファッションを構想していたのはパリだけではなかったのである。

上・図1
モリスがデザインしたドレス
下・図2
ジャコモ・バッラによる「未来派男性服宣言」

アヴァンギャルドのファッション

デザインによって社会や芸術のあり方を変える——。モダンデザイン運動は多かれ少なかれ革新への意思に突き動かされてきた。

モリスやウィーン工房もこうした目標を掲げていたが、実際はうまくいかなかった。またデザインとしてもまだ従来の装飾芸術の残滓《ざんし》を引きずっていた。

二〇世紀になると、よりラディカルな表現によって社会に働きかけようとするグループが登場する。彼らは装飾芸術が上流階級やブルジョワに奉仕してきたことに反発し、大衆の時代にふさわしいものづくりを志向した。それは機械による大量生産を導入し、貴族やブルジョワと結びついた過去の装飾からきっぱりと訣別するデザインをつくりだすことを意味していた。

モダンデザイン運動のなかで服飾デザインは最優先課題ではなかった。たとえばデ・スティルやバウハウスの代表的な作品は建築、インテリア、家具、グラフィックの分野に集中しており、服飾・テキスタイルの分野はかなりマイナーである。

しかし衣服が軽視されていたわけではない。前衛芸術／デザイン運動のなかには服飾デザインに正面から取り組んだものは少なくなかった。とくにイタリア未来派とロシア・アヴァンギャルドはそれに深くかかわっている。

一九〇九年イタリアの詩人フィリッポ・トンマーゾ・マリネッティが「未来派宣言」を発表、彼のまわりに芸術家が集まり未来派と呼ばれるグループが結成された。

未来派は機械や都市が社会や人間に及ぼした圧倒的な影響力を肯定し、その力強さや速度、喧噪を賞賛、在来の美意識を刷新しようとした運動である。マリネッティが宣言のなかで「うなりをあげる自動車はサモトラケのニケよりも美しい」と謳《うた》い上げたことはあまりにも有名だ。その活動は詩や文学、絵画、彫刻、音楽、パフォーマンス、演劇、建築など幅広い領域で展開されていく。とくに絵画や彫刻において人や馬を連続した動態の塊として造形したり、エネルギッシュな都市風景を色彩の爆発として描くなど、ダイナミックな表現に未来派の真骨頂を見ることができる。

未来派は当初から服飾の重要性に注目してきた。彼らは「見事にデザインされ上手に着られた女性のドレスにはミケランジェロのフレスコ画やティツィアーノのマドンナと同じ価値がある」と述べている④。ブルジョワ向けの装飾は拒否するべきものだったが、変化するファッションは現代の象徴として好ましいものであった。

未来派のなかで最初に服飾デザインに取り組んだのはジャコモ・バッラである。彼は一九一四年「未来派男性服宣言」を発表し、まず男性服の改革を提唱している（図2）。それは「いわゆる趣味のよさや色や形の調和はわれわれの神経を脆弱《ぜいじゃく》にし、速度を落とさせる」などと旧来のモードを攻撃し、その代わりにダイナミック、アシンメトリカル、シンプルで機能的、衛生的、楽しさなど一一項目をあげ、未来主義の衣服があるべき姿を示そうとしたものだ。彼は未来派の衣服は可変的であるべきだと考えた。それは時間や場所によって着る人が服の形を変化させていくようなものである。

バッラは宣言通りのカラフルで大胆なデザインのスーツ、タイ、ベスト、帽子、靴などをつくって身につけている。当時の男性服はモノトーン主体だったので、バッラのファッションはとくに目立ち、思惑通りのスキャンダルを巻きおこした。社会の良識派を挑発するパフォーマンスは未来派の常套手段である。バッラが最初に婦人服を選ばなかったのも、よりルールの厳格な紳士服を壊すほうが世間の注目を集めやすいからだった。彼は二五年のパリ・アールデコ博覧会にプロペラの形をしたタイに黄色と白の靴のいでたちで訪れたが、その姿を見た多くのホテルから宿泊を拒否されたという[5]。

バッラは女性のドレスやスカーフ、靴などもデザインしており、そこにもダイナミックなラインや色彩が躍っている。これらはバッラの絵画とも共通するモチーフであった。バッラの後を追った者のなかでも、異なるアプローチをしたのがエルネスト・タヤートだ。彼は一九年トゥータというつなぎ服をデザインしているが、これはだれでもいつでも着られ、構造も簡単なので一人で制作することもできるというコンセプトの服である。それは実用性を重視していたため装飾もなく色彩も単調であった。その形はアメリカのオーヴァーオールに似ている。トゥータのパターン（型紙）は数日のうちに一〇〇〇枚も売れている[6]。

イタリアに少し遅れて、ロシアでも同じような試みがなされている。

一九一七年のロシア革命により成立した共産主義国家のもとで、未来派やキュビスムなどの精神を受け継ぎつつ活躍したのがロシア・アヴァンギャルドの芸術家たちである。

彼らは新しいソヴィエトのための生活様式をつくりだそうとしたので、衣服への取り組みも真剣であった。マレーヴィチ、タトリン、ロトチェンコ、ステパノワなど、その中心人物たちがなんらかの形で服をデザインしようとしたデザイン運動はほかに例がないだろう。

芸術をプロレタリアートのために活用しようとした彼らにとって、流行や装飾は資本主義の象徴でしかなかった。服は実用性や機能性をもたなければならない。とりわけ労働着とスポーツウエアは衣料品としてだけでなく、国民統合のシンボルとも見なされたので、彼らはそのデザインに最優先で取り組んだのであった。また当時ロシアは圧倒的な物不足に悩まされており、機械による大量生産が急務となっていた。

アレクサンドル・ロトチェンコはみずからデザインした労働着姿の肖像写真を残している。それは大きなポケットがいくつもあるウール素材のつなぎ服で、立ち襟、ポケットの開口部、ベルトなどにレザーが使われてデザインのポイントになっている。これもアメリカのオーヴァーオールやボイラースーツとよく似たデザインだ。おそらくフォーディズムによる衣料品の大量生産を達成しつつあったアメリカを意識していたのだろう。しかしプロトタイプとしてつくられたこの労働着が製品化されることはなかった。

ロトチェンコのパートナー、ワルワラ・ステパノワはテキスタイル、舞台衣装、スポーツウエアなどの服飾関連分野に多くの作品を残している。彼女もまた実用性を重視した服づくりを提唱したが、ただシンプルで機能的なだけではなく、芸術的な創造性を積極的に取りいれようとした。[7] 彼女がデザインしたスポーツウエアは大胆な幾何学的ストライプと鮮明な原色が使われ、ソ連を象徴するグラフィックデザインが鮮やかに目立っているものであった（図3）。この服はモスクワの学校で実際に採用されている。

ステパノワはリュボーフィ・ポポーワとともに国立テキスタイルプリント工場で働き、ヴフマテス（国立高等芸術技術工房）でもテキスタイルデザインを教えている。もっともステパノワによる一二〇のテキスタイルデザインのうち実際に生産されたのは二〇にすぎなかった。彼女たちのデザインは先駆的すぎたのだろう、政府や民衆から熱狂的に支持されることはなかった。モスクワなど都市の若い労働者たちは西洋文化への憧れが強く、むしろ西側ファッションを模倣することに熱心だったのである。[8]

二〇年代後半から三〇年代にかけて、ソヴィエトは急速に反動化してゆき、三二年にはロシア・アヴァンギャルドも表舞台から一掃されてしまう。

これまで見てきた芸術家たちによる服飾デザインは、実用や衛生に配慮したり、空間における統一性を考慮したり、色彩や構成の大胆なデザインがなされるなど、パリモードのエレガントな美意識から離れた視点から発想されたものであった。モダンデザインや前衛芸術全般にいえるのは服飾流行という意味での「ファッション」には関心がないことだろう。それどころか貴族やブルジョワと結びつきが深いパリモードは批判の対象だったのである。だがその高踏的なものづくりは産業界からも一般大衆からも敬遠されて、当時の社会に広く受容されることはなかった。モダンデザインはここに大きな矛盾を抱えていたのである。

一方のパリモードはこうした前衛芸術をも簡単に吸収していった。この時期アートを効果的にデザインに取りいれたのがエルザ・スキャパレッリである。

エルザ・スキャパレッリ

スキャパレッリは自由かつ奔放な想像力にあふれたファッションを展開したことで知られるデザイナーだ。その遊び心のある派手なデザインは、シンプルなエレガンスを追求したシャネルとは正反対であった。ふたりは実生活でも反目し、シャネルはスキャパレッリを「服をつくるイタリア人芸術家」と陰口をいい、スキャパレッリはシャネルを「陰気なプチブル」と応酬したという(9)。

上・図3
ワルワラ・ステパノワがデザインしたスポーツウエア
下・図4
トロンプルイユを着たスキャパレッリ。スポーティなスタイル

スキャパレッリは「ファッションは芸術である」という信条のもとに創作活動をおこない、未来派、ダダ、シュルレアリスムなどをデザインのモチーフとして用いた。彼女はこうした前衛芸術のもつ挑発性をモードの世界に巧みに流用していったのである。

エルザ・スキャパレッリは一八九〇年ローマに生まれる。父チェレスティーノは若くして王立図書館長を務めた学者であり、母マリア・ルイザも貴族出身という恵まれた家庭に育っている。スキャパレッリ家は図書館のあるコルシーニ宮殿の一角に住まいを与えられていたので、エルザはイタリアの豊かな歴史文化の現物に触れて成長することができた。大学に行くことは許されなかったが、芸術に関心をもって詩や評論を書くなど、多感な青春時代を過ごしている。そのころはマリネッティらの未来派が世間を騒がせていた時期でもあった。

一九一三年、スキャパレッリはイギリスの母の友人のもとに遊学するためにパリ経由でロンドンに行くことになった。彼女は途中立ち寄ったパリでキュビスム、フォーヴィスム、未来派などの前衛芸術の盛り上がりを目の当たりにしている。

スキャパレッリは一四年にイギリスでウィリアム・ドゥ・ケルロル伯爵と知り合い、両親の反対を押し切って結婚する。ケルロルはスイス系フランス人の神智学者で、その講演に出かけたエルザは一目で恋に落ちたのだった。しかしすぐに第一次世界大戦がはじまり、ケルロルの講演や執筆からの収入が不安定だったこともあって、ふたりの結婚は最初からあまりうまくいかなかったらしい。

一九年、ケルロル夫妻は仕事を求めてニューヨークに渡る。アメリカという新世界にエルザは大いに啓発されている。都市の摩天楼や喧噪もさることながら、保守的なヨーロッパにくらべて、女性の地位が高く自由を謳歌《おうか》するさまがとくに印象に残ったという。第一次大戦後のグリニッジ・ビレッジにはボヘミアンが集まり、彼女もフランシス・ピカビアと知り合い、彼をとおしてニューヨーク・ダダの芸術家や文学者、知識人と交流する機会を得ている。

スキャパレッリは娘を産んだが、ウィリアムは家庭を顧みなくなっており、結婚生活は破綻していた。しかも娘は小児麻痺にかかってしまい、治療費と生活費が彼女の肩に重くのしかかってきた。異国で無一文となったスキャパレッリははじめて働きに出ることになる。翻訳や商社をはじめ職場を転々とし、ピカビア夫人ギャビーのパリモード輸入業を手伝うことになった。この事業は成功しなかったが、ファッションの世界との最初の出会いになったのである。

二二年スキャパレッリは娘とともにパリに移った。渡仏しようとするアメリカの友人に誘われたのだが、場所を変えて新規まき直しをはかりたかったのだろう。

パリではふたたびファッションと接近遭遇する。ピカビアと離婚したギャビーがポワレのクラブ、オアシスで働くことになり、彼女のためにイブニングガウンをつくったのだ。これを目にしたポワレはその才能を見抜き、自分の服を贈るなどしてファッションの世界に進むよう支援したという。芸術と創造性を愛したポワレは自分と共通する資質を発見したのだろう。これがファッションデザインの仕事を始めるきっかけであった。彼女はのちに自伝でポワレに感謝と敬意を捧げている。二五年、スキャパレッリは仕事を気に入ったパトロンから小さな洋品店をまかされる。エルザは縫製などの訓練をうけたことはなかったが、これまで養ってきた芸術的な感受性とアメリカでの生活体験がデザインの武器である。実際の服飾制作は職人たちに頼んでやってもらった。彼女は当初のビジネスをスポーツウエアやセーターなどの軽衣料に絞り、大胆な幾何学模様をほどこしたデザインを発表している。二七年に「ディスプレイＮｏ．１」という初めてのコレクション（新作発表会）をしたときも、未来派の影響を受けたような視覚的な実験を展開したという。[10]このときスキャパレッリは服をマヌカンに着せるのではなく、テーブルに広げたり手で持ったりする展示方法をとっている。二七年には「トロンプルイユ（だまし絵）」セーターを発表している。これは蝶結びやネクタイ、リボンなどの模様が編み込まれたセーターで、アルメニア地方独自の編み方により可能になったものである（図４）。編み方で個性的なグラフィックを表現するという発想が意外性をアピールしたのであろう、アメリカの百貨店からも注文が舞い込むヒット商品となった。二〇世紀ファッションはレースやリボンなどの装飾要素を軽減していくが、トロンプルイユはいわば装飾と構造が一体化したものである。そこがこの服の新しさであった。さらに二八年に発表した「ディスプレイＮｏ．２」からこれまで取り扱わなかったドレスやスーツにも手を広げていった。

彼女の持ち味はファッションの常識にとらわれない斬新な視点からの服づくりである。モノトーンを基調としていた二〇年代にピンク（ショッキング・ピンクといわれた）、ヴァイオレット、黄色、緑、ブルーなどの鮮やかな色彩を持ちこんだり、素材も高級服にはあまり使われなかった合成繊維を積極的に使ったり、ほかにも紙ストローやセロファンなどを用いることもためらわなかった。革新的な技術にも関心があり、子ども服や紳士用ズボンに使われていたファスナーをオートクチュールのドレスに導入し、三五年にはファスナーつきのイブニングドレスを多数含むコレクションを発表している。

彼女のデザインは既成概念を挑発する異化効果が特徴である。素材の思いもよらない組合せ、幾何学模様やトロンプルイユなど視覚的な錯覚を誘う表現、女性の顔やくちびるの形を刺繡したりする装飾……。シャネルも男性服やジャージーなどをハイファッションに持ちこんだが、その狙いが実用性にあったのに対して、スキャパレッリにおける意外な組合せは異世界に誘い込むための仕掛けなのであった(11)。その意味では、彼女がシュルレアリスムへと接近していったのも不思議なことではない。

シュルレアリスムはアンドレ・ブルトンの「シュルレアリスム宣言」（一九二四年）に始まり、とりわけ文学と美術に優れた成果を残した芸術運動である。自動書記やデペイズマンなどの手法により無意識の領野に踏み込み、日常の世界には現れない「超・現実」をつかみだそうとする。スキャパレッリはこの運動に参加したサルバドール・ダリと親交があり、彼の絵をモチーフにしたドレスやスーツをつくったり、テキスタイルの柄を描いてもらったりしている。ダリはシュルレアリスムの初期メンバーではなかったが、自分のトラウマをさらけ出した白昼夢のような光景を描いて注目され、特異な性格や言動もあって美術界のスターにかけのぼっていく（ダリはファシズムを賛美しているという理由でシュルレアリストのグループから除名されている。彼の金銭への執着も仲間から嫌われた理由だった）。

三〇年代後半、スキャパレッリは靴の形をした帽子（図5）、引き出しのポケットのついたスーツ、電話の形をしたハンドバッグ、陶器の蠅《はえ》や昆虫をつなげたアクセサリー、蟬や砂糖菓子、サイコロに見えるボタン、赤い爪のついた手袋、女性のからだの形をした香水瓶などをデザインしているが、これらは意外な物を組み合わせるデペイズマンと呼ばれるシュルレアリスムの技法からの影響が見られる。スキャパレッリはそれを不思議な雰囲気を醸すデザインの手法として取り入れたのだ。フロイトに触発されて性を重要な主題としたシュルレアリストの芸術家たちは女性の身体を描くことが多かった。ルネ・マグリットは女性のワンピースに乳房を描き込むなど性的妄想をモチーフにしていたし、ポール・デルヴォーも幻想的な世界に遊ぶ女性たちを好んで描いた。女性身体への執着という点でシュルレアリスムはファッションと共通していたといえる。

しかしスキャパレッリのデペイズマンはパリモードに波紋をおこすための手法であり、意外性を演出することが目的であった。シュルレアリスムには革命への欲望があり体制に批判的であったが（ブルトンやアラゴンは一時期共産党に入党していた）、スキャパレッリの関心はそうした政治ではなくもっぱら表現形式にあった。彼女はブルジョワを蔑視するような芸術家気質があったが、自分の顧客がアヴァンギャルド芸術や彼女の実験的な試みを面白がるような一部の富裕層や派手好みの女優たちであることも十分自覚していたのである（図6）。

ユートピアのための服

一方、スキャパレッリの奔放なイマジネーションを支持していたのはアメリカだった。実用志向のアメリカでは方向性が違うようにも思えるが、アメリカの富裕層は彼女の大胆で色彩豊かなデザインを歓迎した。スキャパレッリにとっても新しい時代のワードローブを考える出発点となったのはアメリカでの生活体験だった。彼女がまずスポーツウエアを手がけたのもそのせいである。

一九三〇年代、パリモードは不況の波に襲われ、大きく売り上げを落としていた。こ

上・図5
シュルレアリスム・ファッション。靴の形をした帽子や唇のポケット
下・図6
ボタンやポケットが派手なスキャパレッリのジャケット

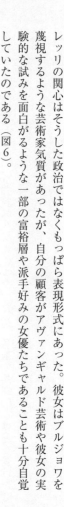

の時代は激動期であった。二九年の世界恐慌により経済は低迷、政治はファシズムが台頭している。ドイツではヒトラー、イタリアではムッソリーニ、ソ連ではスターリンが政権を掌握し、日本は中国を侵略。これらの国家は芸術にも介入し、バウハウスもロシア・アヴァンギャルドも迫害をうけている。

しかしアメリカでは大恐慌は貧困層を直撃したが、中産階級から上の階級の生活にはそれほどの影響は及ぼさず、富裕層は前とまったく変わらない生活を送っていた。「最上部五パーセントの金持ちはアメリカの富の四分の三を所有し続けた。（……）豪邸で開かれるパーティには、パリ直輸入のファッションで着飾った女性が集まった[12]」。

スキャパレッリは一九三三年にアメリカへ販促活動に出かけ、アメリカの有力な女性たちとも知り合い、ハリウッド映画の衣装を手がけている。新しい素材や技術に積極的に取り組み、デザインでも色彩でも大胆なスキャパレッリのファッションは活動的なアメリカの女性にとってはシャネルにかわる権威となったのである。不況にもかかわらずスキャパレッリが活躍できたのはアメリカの支持があったからだろう。

四〇年には「服は女性をつくる」という講演旅行を企画し、再度渡米している。四二都市を八週間でまわるという強行スケジュールだったが、各地で熱狂的な歓迎を受けたという[13]。彼女は自伝でこう述べている。「私がユニークな存在になれたのはアメリカのおかげだった。私にインスピレーションを与えたのはフランスだった。だが、認めてくれ、成功をもたらしてくれたのはアメリカだった[14]」。

第二次世界大戦が始まりパリがナチスに占領されたときもスキャパレッリはアメリカに逃れている。彼女はアメリカが参戦した四一年から四五年までニューヨークに暮らした。パリに残した会社はファッション部門と香水部門ともにフランス人スタッフにまかせたが、忠実な社員たちはその信頼に見事に応えた。

四五年にパリに戻ってオートクチュールを再開するが、彼女の発想はもはや時代と合わなくなっており失敗が続いた。そこでスキャパレッリは活路をアメリカに求め、四九年にニューヨークに支社を開き、スーツ、ドレス、コートの既製服生産に乗りだしている。これはパリのデザイナーが大量生産に取り組んだもっとも早いケースだろう。アメリカでは彼女の知名度はまだ高く、このビジネスは成功を収めた。オートクチュールがプレタポルテ（英語のレディ・トゥ・ウエアの仏訳に由来）という名の既製服ラインに本格的に参入するのは六〇年代以降のことである。

しかし本業のオートクチュールは不振が続き、コレクションはことごとく赤字に終わってしまった。これまで香水部門が負債を引き受けていたが、それも限界となり五四年にファッション部門を閉鎖する。奇《く》しくも同年はスイスに逃れていたシャネルがパリコレクションに復帰を遂げた年であった。スキャパレッリは引退生活に入り、シャネルよりも二年長生きして一九七三年に生涯を終えた。

このように見てみると、スキャパレッリのファッションはモダンデザインや前衛芸術のそれとはかなり違っていたことがわかる。後者にとってのデザインは富裕層に奉仕する旧来の装飾芸術を壊すための活動であり、新しい生活様式を提案することが目的であった。それは流行に左右されず、実用性があり大量生産できるものでなければならない。ある意味でその服はユートピア（どこにも存在しない理想郷）のための衣装なのである。しかしスキャパレッリにとってはハイファッションを更新することが目的であり、前衛芸術もひとつのアイデアにすぎない。もちろん彼女は芸術を愛していたが、その運動に加わることはなかった。上流階級の出身であり、成功してからはパリで豊かな生活を享受した彼女にはユートピアを夢想する必要などなかったのである。

一般大衆も含めて社会が受け入れたのはスキャパレッリのほうだった。モダンデザインも前衛芸術もその活動中は一部の人々にしか理解されなかったのに対して、パリモードは多くの人々の憧れであり続けた。スキャパレッリはアメリカにも受け入れられ、戦後は既製服生産にさえ取り組んでいる。逆説的なことだが、アヴァンギャルドのアーティストたちが夢見て果たせなかった試みを達成したのは、彼らが敵視していたパリモードのひとりのデザイナーだったのである。

※注
（1）Elizabeth Wilson and Lou Taylor, "Through the Looking Glass," London, BBC Books, 1989, p.31.
（2）Radu Stern, "Against Fashion," Cambridge and London, The MIT Press, 2004, p.23.
（3）Stern, ibid., p.27.

（4）Stern, ibid., pp. 155-6.
（5）Stern, ibid., p. 37.
（6）Stern, ibid., p. 42.
（7）Stern, ibid., p. 55.
（8）Stern, ibid., p. 56.
（9）Valerie Steele, "Women of Fashion," New York, Rizzoli, 1991, p. 66.
（10）パルマー・ホワイト『スキャパレッリ』パルコ出版、一九九四年、六七頁。
（11）私はかつてスキャパレッリの刺繍で覆われたジャケットを手に持ったことがあるが、とても重くて機能性を感じられなかった。
（12）有賀夏紀『アメリカの20世紀 上』中公新書、二〇〇二年、一四三～四頁。
（13）ホワイト、前掲書、二六八～七一頁。パルマー・ホワイトはこの講演旅行の重要な使命はアメリカを第二次大戦に参戦させることだったと書いているが、実際に彼女がそのような言動をしたかどうかについてはほとんど具体的に言及されていない。
（14）ホワイト、前掲書、四六頁。

※図版出典
1、クリスチーン・ポールソン『ウィリアム・モリス』美術出版社、一九九二年。
2、Radu Stern, "Against Fashion," Cambridge and London, The MIT Press, 2004.
3、"Addressing the Century," London, Heyward Gallery, 1998.
4、パルマー・ホワイト『スキャパレッリ』パルコ出版、一九九四年。
5～6、フランソワ・ボド『スキャパレリ』光琳社出版、一九九七年。

第5章　クレア・マッカーデル　アメリカンカジュアルの系譜

フォードがつくったアメリカ

二〇世紀はアメリカの世紀といわれている。

アメリカ合衆国は政治や経済において世界をリードしたことはもちろん、生活や文化の分野でも先頭を走り、いわゆる「アメリカ的生活様式」をすべての国々に普及させていった。簡単にいえば、それはだれもが豊かに消費を楽しむ暮らしのことである。衣服、食事、住宅、家電、娯楽、自動車……。あらゆる階層の人々が平等にモノを享受し所有することができる社会。それは二〇世紀にアメリカが達成し、グローバルスタンダードになった理想のライフスタイルであった。

大衆消費社会の原動力となったのが大量生産システムであり、これをもっとも効果的に発展させたのがヘンリー・フォードである。自動車はヨーロッパにおいて上流階級の高価な娯楽として発展したが、フォードはアメリカにおけるその可能性を察知して、大衆にも手が届く安価な交通手段として提供しようと考えた。彼は生産システムの徹底的な合理化をおこなうことで、T型フォードという大衆車をつくりだしたのである。

これができたのはフォードがフレデリック・W・テイラーの提唱した科学的労働管理法にもとづいて、労働の分業化・機械化をはかったことが大きい。とりわけベルトコンベアによるアッセンブリーラインと、労働者に単純作業を繰り返させる分業制の導入が功を奏した。ひとりの熟練工がひとつの製品を完成させるよりも、車体を移動させて数人の非熟練工に各自の持ち場で単一の作業をさせたほうが、人件費と作業時間を大幅に削減できる。これにより自動車一台あたりの組み立て時間は一二時間半から二時間以下に短縮することが可能となった。

さらにフォード社は従業員の生活習慣や家庭生活までも厳しくチェックし、モラルや価値観を矯正した。当時の工場労働者は飲酒をして遅刻欠席をするなど日常茶飯事だったので、仕事を効率的に処理するように教育せねばならない。「手入れのゆき届いた機械は効率がよい。諸君のからだは機械と同じだ。つねに清潔を心がけよう」[1]。労働者の身体は機械と見なされ、工場の一部へ編入されていく。製品の標準化と部品の規格化、作業の効率化、労働の省力化などによる大量生産のシステムは、発明家フォードの名前からフォーディズムといわれている。

しかしこのような機械的な単純作業は労働者たちを肉体的にも精神的にも疲弊させたため苦情が殺到し、会社は賃金と休暇をふやすことでその不満に対応した。これが消費やレジャーのさらなる大衆化をもたらしていく。フォーディズムは労働者を生産する機械にしただけでなく、さらに工場で生産された商品を購入し休暇にレジャーを楽しむ消費者へと生まれ変わらせたのである。需要が増えることで、商品の値段はさらに下げられた。一九〇八年に八五〇ドルだったT型モデルは二四年には二九〇ドルになった。販売台数も一九一一年には約四万台だったのが、組み立てラインが導入された一三年には約一八万台、さらに二一年までには年間一〇〇万台を超えるほどになっている。(2)フォーディズムとは消費の前の平等という民主主義を実現することで、多種多様な移民たちを均質化して「アメリカ人」にするという資本主義のプロジェクトなのである。

一方、ヨーロッパはアメリカのフォーディズムに熱いまなざしを向けていた。ウラジミール・レーニンはソヴィエトの労働管理システムをテイラーイズムに基礎づけようと主張したし、またフェルディナンド・ポルシェはナチス・ドイツ体制におけるフォルクスワーゲン量産のためにフォード本人と会見している。(3)コミュニズムもファシズムも大量生産に未来の可能性を見いだそうとしていた。

イタリアの思想家アントニオ・グラムシもまたフォーディズムを礼讃したひとりだ。彼はそこに伝統に縛られた労働者の群れを新しい労働者階級へと再生させるポテンシャルを見ようとした。たしかに労働者は大きな精神的抑圧を受けるかもしれないが、彼らはフォード式の自己規律により生まれ変わることになるだろう。グラムシは「フォード方式は合理的であり、一般化されるべきだ」と述べている。(4)

二〇年代、ヨーロッパの芸術・デザインの世界でもアメリカへの賞賛が高まった。バウハウスやロシア・アヴァンギャルドはジャズやハリウッドなどの大衆芸術に着目し、それを古い伝統を破壊するモダニズムの文化として評価した。三五年にアメリカを訪れたル・コルビュジエもニューヨークの摩天楼に感銘を受け、「石とスティールで演奏されたホットジャズ⑤」という賛辞を書き記している。彼らにとってのアメリカとは伝統の桎梏にとらわれない一種のユートピアだったが、それはフォーディズムが達成した大衆消費社会のことにほかならなかった。

ファッションの工業生産

しかしアメリカのファッション産業はまだ独自のデザインを生みだす状況ではなかった。長らく流行を発信していたのはパリモードであり、アメリカはその影響下にあったのである。一部の上流階級はパリでオートクチュールを仕立てていたが、それ以外はそのアメリカ向けモデルやコピーを購入していた。もちろん貧富の差は大きかったので、こうした商品を買える層は限られていた。多くの移民をかかえるアメリカでは高級注文服よりも大衆向けの既製服の需要が高かったが、そこではデザインの独自性や創造性などはあまり重要視されなかったのである。

衣服の工場生産がはじまるのは一九世紀である。その大きな一歩となったのがミシンの発明であった。アメリカでは一八三二年にウォルター・ハントがミシンを開発（お針子たちの仕事を奪うという娘の意見により実用化を断念したといわれる）、四六年にイライアス・ハウがミシンの特許を取得、五一年にはアイザック・シンガーがミシン工場を設立する。ハウのミシンは五一年のロンドン万博に出品されたが、あまり注目されなかったという[6]。この時期には各国でミシンが発明されていたからだったが、だれもが入手できるように商品化したのはアメリカが早かった。さらに裁断、縫製、仕上げなど製造過程の分業化がはかられるのはもうすこし後のことである。

当時の既製服の造作は粗悪であり、水夫、農夫、開拓民のための労働着が主要な市場であった。初期の既製服産業に大きな市場を提供したのはアメリカ南部の奴隷制度だったという。大農園で営まれた大規模な綿花栽培にはアフリカからの労働力が不可欠であり、農園主たちは彼らのための安価な衣服を大量に必要としていたのだ。奴隷用の作業着はコストをさらに低くおさえて生産することが求められ、シンガー・ミシンは、彼らの作業着の生産を目的に改良された新しいミシンを発売したくらいである[7]。ニューヨークの衣服産業はこれにより多大な利益を得た。さらに南北戦争が始まると、今度は軍隊が新たな市場となる。さまざまな体型の兵士たちにあわせるためにサイズの等級も考慮され、身体にフィットした軍服がつくられていく。

一方、女性の既製服化は男性にくらべるとあまりはかどらなかった。

その理由のひとつは家庭裁縫がおこなわれていたからである。一般の家庭では簡単な衣服は自分たちでつくっていたし、そのためのパターン（型紙）を出版する会社もあった。またドレスなどの高級服については、ドレスメーカーが採寸、裁断、縫製した注文服がデザインや質のうえで既製服よりもはるかに優れていた。衣服は着る人に応じたサイズが重要であり、外見の美しさを求めるなら仕立てられた服のほうがまだまだ優位にあったのである。

もともと女性服は工場生産がむつかしい衣料品である。大量生産をおこなうためにはデザインを標準化しなければならないが、ドレスは流行によって変化が早く標準化がむつかしい。さらに着る人のからだに合わせるサイズ展開の問題もある。そのためには多くのからだの計測データを集めて標準体型を割りだす必要があるが、その発想はまだなかった。そのうえ布という柔らかい素材は工場のアッセンブリーラインに載せにくく、しかも当時のドレスは装飾が多いため組み立てがかなり煩雑であった。当初、既製服化は袖なしの外套やシャツブラウス（当時は下着として着られていた）のような簡素な構造のものから始まっていく。

一九二〇年代に既製服化が進展したのは、一部のアパレル会社が身体測定のデータを収集しはじめ、標準体型にもとづくサイズの展開が準備されたからである。また二〇年代の直線的なシルエットのデザインが衣服の構造をより簡素にしたこともそれに拍車をかけた。

このころドレスも既製服化が進み、二五年には婦人用既製服全体にしめるドレスの割合はおよそ五〇パーセントに達している。その中心がニューヨークであり、ドレスの約八〇パーセントがここで製造されていた。婦人服製造業者が集中していたエリアは「七番街」と呼ばれ、ここには二一年から三〇年にかけて縫製工場の入ったビルが多く建てられている。婦人服産業は小規模企業が多く、女性や移民労働者を劣悪な労働環境と低賃金で酷使したので、いわゆる「搾取工場」として問題となっている(8)。

ところで本格的な大衆消費の時代が到来すると、フォード社の経営は困難な状況に直面することになった。二一年に五五パーセントあった同社の市場シェアは二七年に二五パーセントへと落ち込み、二位のゼネラルモーターズ（GM）に追い越されてしまうのである。皮肉なことに、原因はフォードがその誕生に尽力した消費社会から取り残されてしまったことにあった。フォードは大衆向けの実用車をつくることを目標としてきたため、自動車の外見は単一のシンプルなデザイン、車体も黒一色のみが採用されていた。それに対してGMは月賦販売、多品種展開、多様なカラーリング、頻繁なモデルチェンジなどのマーケティング戦略を展開することによって、人々の消費への欲望を促進していったのである。そのため市場はデザインが地味な黒色のフォード車ではなく、GMの多彩な最新モデルを歓迎するようになっていた。GMは消費者にたえず新しいものを供給して古い物に不満を抱かせるこのやり方を「パリのドレスメーカーの法則」と呼んでいたという(9)。このような市場の変化にあわせて、フォード社は二七年に二〇年ぶりのモデルチェンジを敢行し、そのデザイン性を強調する宣伝をおこなうなど経営方針を転換せざるをえなくなる。

このようなアメリカ産業界において脚光を浴びたのがインダストリアルデザイナーであった。大量生産が進んで市場が飽和すると、新たな需要を喚起するためにデザインが重視されることになる。そこで市場の動向を見ながら商品を新しくスタイリングする工業デザインに注目が集まった。パリからニューヨークに来て百貨店のディスプレイやファッションイラストを手がけていたレイモンド・ローウィは、旧型の複写機の外見を新しくデザインすることで、同じ機能の製品をふたたびアピールするものに変えることに成功する。産業界は性能を変えなくても外見を新しくすればモノが売れること、つまりデザインの重要性に気づいたのだ。

一九三〇年代、ローウィ、ウォルター・ドーウィン・ティーグ、ノーマン・ベル・ゲッデス、ヘンリー・ドレイファスらインダストリアルデザイナーは機械のスピード感をイメージさせる「流線形」デザインをあらゆるものにほどこし、自動車や機関車はもとより、建築やインテリア、鉛筆削りやアイロンのような日用品にいたるまでこの外観をまとわせた。ローウィの蒸気機関車「K４S」やドレイファスの「二〇世紀特急」はまるでロケットのような弾丸形のノーズが特徴だが、流線形にスタイリングしても現実に機関車の速度が早くなるわけではなく、もっぱら視覚効果を狙ったものだ。それは技術による進歩や革新という大衆の想像力をかきたてる演出なのであった。デザインは商品を社会に受容させるためのマーケティング戦略のひとつとなったのである。

インダストリアルデザイナーのなかにはファッションや広告や舞台美術においてキャリアを積んでいるものがすくなくない（ティーグは広告デザイン出身、ゲッデスとドレイファスは舞台や映画の美術にかかわっていた）。それは彼らがものを実用性よりも、消費者の欲望をかき立てるスペクタクルとしてデザインすることに長けていたからだろう。

フォーディズムが主導してきた大衆消費社会は豊かな生活をもたらしたが、これはたえず新しいものを投入して古いものを陳腐にする流行のサイクルに人々をまきこんでいくこととなった。商品は本来の役割や機能よりもデザインの新しさによって買い替えられるようになっていく。それは自動車も日用品もすべてがファッション（＝流行）となる社会の到来を告げていたのである。

作業着がおしゃれ着に変わるとき

アメリカンファッションといえばまず想起されるのはジーンズだろう。現在は世界中の老若男女から支持されているジーンズはもともと一部の労働者の作業用ズボンであったが、これが一般に街で着られるような「ファッション」になりはじめた時期も一九三〇年代であった。

ドイツ移民リーヴァイ・ストラウスがニューヨークから行商をしながらサンフランシスコにやって来たのは一八五三年。ここでストラウスは総合雑貨商を設立する。その仕事はニューヨークにいる兄弟が送ってくる織物や雑貨を現地で販売することであった。東部からの品物は西部ではより高い値段でさばくことができたのだ。彼の客は西部の開拓民や探鉱者だったので、その商品のなかにはテントや幌《ほろ》馬車に使うためのキャンバスが含まれていた。ストラウスはこの丈夫な布地をつかって探鉱者のためのズボンをつくることを思いつく（図1）。それは厚みのある茶色のキャンバス地でベルトループはなく、後ろポケットがひとつあるだけのものである。これがジーンズの原型といわれているが、現在のリーヴァイスとはまだ似て非なるものだったようだ。よりジーンズらしくなるためにはもうひとりの立役者、ジェイコブ・デイビスの登場を待たねばならない。

デイビスは一八三一年バルチック海の都市リガに生まれ、五六年にサンフランシスコにやってきた。ストラウスよりも二年若く、同じユダヤ系移民である。彼は仕立屋として馬車の幌やテントをつくっており、リーヴァイ・ストラウス社からオフホワイトのズック地を購入していた。

ある日、デイビスは浮腫を病んだ木こりの妻から夫のために過酷な労働に耐えるズボンをつくるよう依頼を受ける。彼はズック地をつかった大きな作業着を仕立て、たまま仕事場にあったリベット（銅製の鋲）を前後ポケットに打ちつけた。ポケットが破れるのを防ぐのにいいと思いついたのだ。リベットは馬車の幌をつくるときに用いられていたものだった。この丈夫なズボンは口コミで話題となり、デイビスのもとに同じものを求める人々がやってくるようになる。その注文をこなすうちにズック地が足りなくなり、九オンスのブルーデニムを生地として使うようになったのが、いわゆるブルージーンズの始まりであった。

思わぬ反響に気をよくしたデイビスは、アイデアが無断使用されないようにリベット打ちズボンの特許を取ることにしたが、特許取得申請のための費用がない。そこで織物の仕入先のリーヴァイ・ストラウス社に申請手続きを代行してくれるよう持ちかけた。その条件は製品の販売権を折半するというもの。依頼文書のなかでデイビスはリベット打ちのズボンに注文が殺到していること、リベットを打つだけで普通の作業用ズボンの約三倍の値段で売れることを強調している。リーヴァイ・ストラウス社はこれに同意し、一八七三年五月にリベット打ちポケットの特許を取得したのであった。同社はデイビスを製造担当として迎え、工場を準備して本格的な生産体制を整えることにしたのである。デイビスはズボンのデザインをより細かく決定した。素材はオフホワイトのズック地と藍染めのブルーデニムの二種類が選ばれ、そのどちらも洗うことで縮んでからだにあうようにデザインが工夫された。ベルトループがないかわりに、ウエストのサイズを調節するために後ろに短いベルトとバックルがとりつけられた。さらにデイビスはバックポケットにV字形のステッチ（縫い目）をいれている。その糸はリベットの銅色にあわせてオレンジ色の亜麻糸が使われた。このステッチは同業他社がつくる同じようなズボンとの差異化をはかることが目的である。また保証書としてズボンの後ろにツーホースマークのはいったオイルクロスも仮留めされた。このマークはズボンを両側から二頭の馬がひっぱって丈夫さを強調した絵柄（後にレザーパッチとしてウエストに縫いつけられた）。これがリーヴァイスの定番としていまなお発売されている「５０１」の原型である。デザインの基本形は一九世紀中にほぼ完成されていたのだ（５０１の登場は一八九〇年）。[10]

ちなみにリーヴァイ・ストラウス社は自社の商品をジーンズではなく「ウエストハイ・オーヴァーオールズ（腰丈のオーヴァーオール）」と呼んでいたという。当時オーヴァーオールとは胸当てのついた作業ズボンをさしていたが、この名称を使ったのは同社がジーンズを純粋に作業着としてとらえていたからだろう（図2）。同社が公式に「ジーンズ」を使うようになったのは一九五五年である。[11]

デイビスによるデザインはリーヴァイスを一目で他社の商品と区別がつくようにする差異化戦略でもあった。機能とともに意匠（＝デザイン）もまたリーヴァイスの商品価値となったのである。そう考えると、一九世紀後半にオートクチュールとジーンズが生まれたのは偶然ではなかった。ふたつとも大衆消費社会の発展とともにブランド戦略という差異化をはかることでファッション史に新たなページを開いたといえる。

リーヴァイスのジーンズがより広い層にファッションとして受け入れられていくのも

上・図1
ジーンズは過酷な労働のための作業着としてはじまる
下・図2
胸当てのついたオーヴァーオールを着用する労働者たち

大衆消費社会の成立と深く関係していた。

そのきっかけのひとつはハリウッド映画である。一九三〇年にはB級西部劇が年間一〇〇本以上も製作されるようになっており、そこにジーンズ姿のカウボーイたちが描かれていたせいで、西部開拓という伝統との結びつきが印象づけられたのだ。三〇年代なかばのB級映画では「ホースオペラ」という歌うカウボーイが登場するものに人気があった。現実のカウボーイの全盛期は一九世紀後半だったが、そのころ実際に彼らがリーヴァイスをはいていたかどうかは定かではない。三井徹によれば、一九〇〇年ごろの牧場労働者たちはリベット打ちズボンを着用するようになっていたらしいが、それ以前については確認がむつかしいという[12]。もちろんハリウッド製西部劇がコスチュームを選ぶにあたっては史実にこだわるよりも、イメージを重視していたはずだ(図3)。

これと相まって西部に「デュードランチ」なる観光客向け牧場があらわれた。大恐慌のあおりを受けて経営が苦しくなった牧場主が、都会の人々が馬に乗ったりキャンプをしたりできるよう牧場を開放するというビジネスをはじめたのだ。大都市に生きる人々にとって西部にひろがる自然や荒野をさすらう牧童はすでに郷愁の対象となっていた。デュードランチとは東部の観光客がつかの間のレジャーを楽しむためのテーマパークだったのである(デュードはしゃれ者、ランチは牧場の意)。この舞台で遊ぶためにはカウボーイ風のコスチュームとジーンズが不可欠である。またここでは女性が普通にジーンズをはくことができた。デュードランチ・ファッションとしてジーンズが求められることによって、東部でもリーヴァイスの知名度が高まっていくことになる。

こうした西部ブームに乗じて、リーヴァイ・ストラウス社はロデオ大会の優勝者に賞金を出すなど、カウボーイとジーンズを結びつける宣伝を積極的に展開していった（図4）。その背景には大恐慌が労働者たちの生活を直撃したせいで、ジーンズの売上げが急落しており、新たな販路を開拓する必要にかられていたことがある。こうした宣伝が功を奏して、三〇年代末ごろには501ジーンズは全国的に人気を獲得していく。このころには大学生など若者もはくようになっていた。

この時期、ジーンズは耐久性だけがとりえの作業着から西部開拓神話という付加価値のついたファッションになった。大自然に生きる寡黙なカウボーイはアメリカのひとつの英雄像である。リーヴァイスをはくことはこうしたイメージを消費することとなったのだ。その後もジーンズは五〇年代にはジェームズ・ディーンに代表される反抗的な青春、六〇年代はヒッピー文化やロックやフォーク音楽などのサブカルチャー、七〇年代

上・図3
ハリウッド製西部劇がジーンズとカウボーイを結びつけた
下・図4
リーヴァイスによる広告。30年代のウエスタンウエア

にはデザイナージーンズなど、時代とともにさまざまな大衆文化と結びつきながら、アメリカンカジュアルの象徴となっていくが、その萌芽は三〇年代にあったことになる。

クレア・マッカーデル

一九三〇年代以降、ニューヨークの服飾産業は自国のデザイナーに注目しはじめる。まだ業界はパリモードの模倣にあけくれていたが、一部にはアメリカの女性のためのアメリカのスタイルをつくるように主張する動きが見られるようになってきた。パリの呪縛から逃れようとするデザイナーもそろそろ登場しはじめていた。

ニューヨークが自国のデザイナーに目を向けていく背景には、パリモードの輸入が困難になっていく社会状況があった。とりわけ二九年の世界恐慌によって不況になり、保護政策のために輸入関税が高くなったこと、さらに四〇年ナチス・ドイツによるパリ占領によりフランスとの交流が途絶えてしまったことは大きい。それまで百貨店や小売店や既製服会社はパリのデザイナーの威光を借りる一方で、アメリカ人デザイナーの名前を出そうとはしなかった。パリを失った服飾産業は自国のデザイナーを売り出す必要に迫られたのである。

この時期に脚光をあびたデザイナーにクレア・マッカーデルがいる。マッカーデルはいわゆるアメリカンカジュアルを独力でつくりあげたわけではないが、アメリカ女性のための新しい服づくりに取り組んで、二〇世紀ファッションのひとつの原点ともいうべき発想を追求した先駆者であった。

クレア・マッカーデルは一九〇五年メリーランド生まれ。父は上院議員にも選出された銀行家、母は南部の軍人の娘だったので、かなり裕福な家庭に育っている。母はドレスメーカーを自邸に呼んでは服を仕立てさせており、クレアはその光景をよく観察していたという。また三人の兄弟がいたせいで、幼いころから男性服の快適さも体験しており、このころはまだ有閑階級のレジャーであったスポーツにも親しんでいた。高校卒業後、ファッションの世界で働くという夢を抱いたクレアは保守的な父の反対をおしきり、ニューヨーク芸術工芸学校（現在のパーソンズ・スクール・オブ・デザイン）に進学する。

ニューヨークで服づくりを学びながら、クレアはパリに留学してオートクチュールの世界にもふれている。彼女がとくに影響を受けたのはマドレーヌ・ヴィオネである。ヴィオネは布をからだにまとわせるバイアスカットの技術を駆使したドレスをつくり、シャネルとは違った意味でのモダニズムを追求したクチュリエールであった。クレアはヴィオネを研究してからだを締めつけない服のあり方を学び、のちにはバイアスカットを自分の仕事に応用していく。

マッカーデルはパリのオートクチュールの世界に魅せられたが、自分が向かうべき世界はパリの上流階級ではないことにも気づいていた。ニューヨークに戻ったマッカーデルは芸術工芸学校をなんとか卒業し（学校で決まったことを学ぶのは苦手だった）、七番街の会社でパタンナー、モデル、デザイナーなどの仕事を転々とする。経験はないが熱意のある彼女はやがて中産階級向けのドレスやスポーツウエアの既製服会社タウンリー・フロック社でアシスタントデザイナーの職につくことができた。

一九三二年、彼女の運命は急変する。タウンリー社のデザイナーがコレクション制作中に事故死してしまったため、デザイナー職を引き継ぐことになったのだ。大きなプレッシャーを感じながらも彼女は見事に任を果たし、このコレクションが認められて正式なデザイナーへと昇進するのである。しかし当時のデザイナーの仕事はパリの流行をいち早くデザインにとりいれることであり、彼女もそうしなければならなかった。マッカーデルはパリを訪れてコレクションを見て模写したり、サンプルを買ったりするうちに、アメリカとヨーロッパの女性のライフスタイルの違いを目のあたりにして、アメリカ独自のファッションをつくりださなければという思いをいっそう強くする。それはシンプルで動きやすく、かつ美しく、しかも手頃な価格の既製服であるべきだ、と彼女は考えた。

彼女が最初に放ったヒット商品は「モナスティックドレス」(一九三八年)である。これはダーツやウエストラインのない筒状のドレスで、ウエストをベルトでとめて着用するというデザインだった。三〇年代後半はパッドの入った広い肩や細いウエストが流行していたが、マッカーデルはこれに反発してバイアスカットを用いたゆるやかなドレスをつくったのだ(モナスティックとは修道院の意)。シンプルで快適な着心地のこのドレスは人気を呼び、大量に模倣されることになる。マッカーデルは三九年のニューヨーク世界博覧会にタウンリー社のドレスに自分の名前をつけて出品し、第一席に輝いている。その第二席を受賞したのがモナスティックドレスであった（こちらには彼女の名前はつけられていなかった）[13]。

服に自分の名前をつけたいという要望を拒否されて、マッカーデルはハッティ・カーネギー社へと転職してしまう。ところが四〇年タウンリー社は新しく冒険的なラインをはじめることになり、マッカーデルに復帰を打診。彼女はデザイナーとして自分の名前を冠したブランドと創作上の自由を要求して認められるが、これはアメリカのファッション業界の慣例からするときわめて異例な条件であった。

マッカーデルは念願の自分のブランドでドレスからスポーツウエアまで幅広くデザインした。この場合のスポーツウエアとはいわゆる運動服のことではなく、動きやすく活動的な服という意味である。いまでいうカジュアルウエアにあたるものだろう。それはスポーツ観戦したりするときなどのファッション性の高い服装をさすものであった。

アメリカが第二次世界大戦に参戦すると、第一次大戦と同じく女性たちは労働力としてかり出され、服装はさらに活動的な方向へと進んでいく。物資不足から布地や副資材が不足するなかで、マッカーデルはデニムやジャージーなどの労働用の素材に可能性を見いだして積極的に使っている。四二年に「ハーパースバザー」誌からの依頼を受けて「ポップオーバー」を発表、ふたたび世間に盛名を響かせた（図5）。これは戦時中家政婦が払底している状況で、女性もみずから家事労働や客のもてなしができるような服として考案されたもので、大きなポケットや作業用グローブのついた、服の上からはおるドレスである。このきわめてシンプルなデニムドレスはたった七ドルで販売され、数年の間ヒットを続けた。

それ以外にもマッカーデルはダイパードレス、ベイビードールドレス、一枚布のジャンプスーツ、レオタードスーツのような新しいデザインを発表している（図6・7）。これらは若々しいからだを念頭においたスポーティなカジュアルウエアであった。デニムやジャージーなどの機能的な素材による実用性を重視したシンプルなファッションは、シャネルのような上流階級向けのモダニズムとはことなり、一般大衆の身体と強く結びついていた。ダイパー（おむつの意）やベイビードールなどは命名からして明らかに若さを意識している（マッカーデルは四〇年代後半に子供服に進出している）。しかし、そのデザインは可愛らしさや女性らしさを強調するものではなく、無用な装飾のないシンプルさを特徴としていた。

マッカーデルの独創性はデザインだけではない。彼女のファッションは限られた上流階級を対象とした仕立服ではなく、都市の中産階級に向けた既製服である。それは工場生産を念頭において効率を考えたりコスト意識をもったりする必要のある分野だった。マッカーデルにとっては戦時中の物資制限も創作の障壁ではなく、最小限の素材から衣服を組み立てるための挑戦となったのである。

アメリカンスタイルの誕生

マッカーデルはスポーティなカジュアルウエアをつくったのだが、それは彼女の独創というより時代の趨勢《すうせい》だった。彼女以外にも、ティナ・リサ、クレア・ポッター、ミルドレッド・オリックなど、同時代のデザイナーでスポーツウエアを手がけた者は少なくなかったのだ（図8）。アメリカンスタイルはひとりの天才によってではなく、多くの人々によって形成されていったと考えるべきだろう。

アメリカ独自のファッションの確立をいち早く唱えたデザイナーにエリザベス・ホーズがいる。ホーズはアメリカの女性たちがヨーロッパ貴族の衣装の安っぽい模造品を着ている現状を嘆き、パリをコピーする服飾産業の姿勢を強く批判した。彼女は『ファッションはほうれん草』（一九三八年）という著作のなかで、アメリカ女性の衣服は機能的・合理的でなければならず、「製造業者は機械をよく理解し、また、人々がどのよう

上・図5
マッカーデルのポップオーバー
下・図6
マッカーデルのレオタードスタイル。1942年

な生活をしたいと考えているのかをよくわきまえたデザイナーを雇わねばならない」との主張を展開している。[14]もっともホーズ自身は既製服産業のために働くよりも一部の先端的な顧客のための服づくりを好むタイプで、のちにはフェミニズム的な視点からのファッション批評活動へと転じていく。その言辞は服装の社会常識を否定する急進的・左翼的なものとなり、ＦＢＩには彼女の捜査ファイルがあったという。[15]

マッカーデルが幸運だったのはジャーナリズムを含むファッション業界のバックアップに恵まれたことである。さきに述べたように、三〇年代ニューヨークの小売店は米国デザイナーを意図的に売り出すようになっていた。なかでもロード&テイラー百貨店は副社長（のちに同社初の女性社長となる）ドロシー・シェイバーのもとで三二年よりデザイナーを前面にだした「アメリカの女性のためのアメリカのファッション」キャンペーンを展開し、さらに四五年に「アメリカンルック」という新聞や雑誌広告を使った一大キャンペーンに乗り出すのである。この販促活動はほかのデザイナーたちも取り上げていたのだが、とりわけ商業的に成功を収めていたマッカーデルは、四〇年代初頭から五〇年代半ばまで同百貨店の宣伝によく登場することになった。また「ハーパースバザー」誌の名物編集者ダイアナ・ヴリーランドもマッカーデルを高く評価していた。[16]マッカーデルの知名度はいつしかほかのデザイナーよりも一頭地を抜くようになっていくのである。

ロード&テイラーの宣伝戦略のおかげで「アメリカンルック」の創始者のように印象

づけられたが、クレア・マッカーデルが実際にしたことはアメリカの女性たちの現実的なワードローブを構築することであった。

彼女が得意としたのはカジュアルウエア、スポーツウエアをベースに新しいアイデアを展開することである。スポーツやレジャーはかつて上流階級のする余暇活動だったが、このころにはより広い階層が楽しむものに大衆化していた。レジャーブームは理想の体型をも変化させている。「二〇年代の、少年のようにほっそりとして、直線的なシルエットに代わって、三〇年代にはスレンダーではあるが、ウエストはきゅっと締まり、胸は女性らしい曲線を描いているというシルエットがあらわれた」(17)。女性たちはダイエットやスポーツをすることで引き締まったからだになろうと努力したのである。

ハリウッドはジーンズとともにスポーツウエアの普及にも貢献している。スターのカリスマを利用することで黄金期を迎えていたハリウッド映画は、グレタ・ガルボやマレーネ・ディートリッヒが活躍する夢の世界を展開して観客を魅了した。エイドリアンや

上・図7
ブルーマー風パンツの遊び着。1942年
下・図8
ミルドレッド・オリックによるコットンのドレス。1947年

トラヴィス・バントンなどの衣装デザイナーが活躍し、既製服産業は映画のコスチュームをコピーするようになる。ジョーン・クロフォードが『令嬢殺人事件』(一九三二年)でまとったエイドリアンのドレスのコピーをメーシー百貨店が販売したところ、五万着も売れたという[18]。スポーツウエアということでは、知的で活動的な役柄をこなしたキャサリン・ヘップバーンが劇中でパンツスタイルを身につけたり、ミュージカル映画ではジンジャー・ロジャースがやはりパンツスタイルでタップを踏んだり、バズビー・バークリーの振り付けた華麗な群舞でも女性たちは水着や体操着姿で踊ったりしている。本来スポーツウエアやレジャーウエアはリゾート地など限られた場所で身につけられたものだったが、女性たちがそれらを日常的に着るようになったのはハリウッド映画の影響が大きかった。

マッカーデルもまたスポーツウーマンであり、女性たちが求めているものを身をもって体感していた。レオタードやバレエシューズなど、さまざまなスポーツウエアの要素を日常着に持ちこんだのもそのせいである。彼女にとってデザインとは作者の個性を表現することよりも、着る人にふさわしい服をつくることであった。マッカーデルは服をデザインすることをよく「問題を解決すること」にたとえたという[19]。

マッカーデルのアイデアやデザインは現在から見るとそれほど独創性があるように思えないが、当時としては進歩的だった。頭にフードをすっぽりかぶせるニットなどは未来的に見え、ファッション雑誌はマッカーデルの服に「革命的」という形容詞をつけることも多かったのである。

三四年から彼女は上下を分けて組み合わせる「セパレーツ」を提唱したが、それは洗濯ができスーツケースに入れられるように丸めたり折り畳んだりできる複数の衣類によって構成されていた。これは女性たちが旅行をするときに、効率的に上下を組み合わせられるよう考えていたからである。セパレーツはいまでこそあたりまえとなっているが、バイヤー（小売店の買い付け担当者）はこの考え方を理解することができなかった[20]。

彼女はシャネルと共通するところが多い。ふたりともスポーツを楽しみ、労働着や男性服から大きな影響をうけ、女性らしいラインやからだを拘束する構築性を嫌い、装飾よりも実用を重視したシンプルなデザインを追求している。彼女たちは流行に左右されない自分のスタイルを確立しようとした。マッカーデルは四〇年代より、過去に発表した代表作を復刻して販売するように、会社に働きかけている。これは流行遅れになることをなにより恐れていた当時のファッション業界や消費者にとっては異例な申し出であった。「二〇年前に買った私のドレスの裾を下げて、アクセサリーを変えれば、今日着てもまたすばらしく見えるでしょう[21]」。彼女はファッションよりも「クロース（衣服）」ということばを好んだ。よくできたデザインは生き残る、というのが彼女の哲学であった。

マッカーデルとシャネルが大きく違っているのは既製服のとらえ方である。シャネルが上流階級の顧客に洗練された高級注文服を販売したのにたいして、マッカーデルは一般の女性たちに多くの既製服を行き渡らせようとした。つぎの彼女の主張はフォードの立場とかなり近い。「私は大量生産の国に住んでいます。ここではどんな人であろうと、すべての人が素晴らしいファッションを手にすることができるし、ファッションはすべての人に届けられなければならないのです[22]」。大量生産の技術を応用し、有用性とデザインとを融合することで、既製服の可能性を追求することが彼女の課題であった。仕立屋ではなく工場でつくられたから質が悪いということはマッカーデルには通用しない。おそらくリーヴァイスのジーンズに触発されたのだろう、ミシンのステッチをあえて強調するようなデザインをしているが、これも既製服らしさを逆手にとった発想であった（図9）。

一九四五年、ニューヨーク近代美術館（MOMA）は「衣服はモダンか？」という挑戦的な展覧会を開催している。これはバーナード・ルドフスキーの企画によるもので、過去の拘束的な歴史衣装や現代のファッションなどを並べ、衣服の非合理性を批判的に回顧したものであった。ここでルドフスキーはマッカーデルのシンプルなドレスを展示し、これらのドレスから本物の現代服が生まれてくるだろうと解説している[23]。しかし彼の理解は現実からは若干遅れていたといえる。衣服のモダンはもうとっくにはじまっていたのだ。

自由と繁栄のシンボル

大量生産、活動性、シンプルさ――こうした特徴をそなえたアメリカンファッションが誕生したのは、クレア・マッカーデルをはじめとする多くのファッション業界の人々がアメリカのアイデンティティを意識的に構築しようとしたからである。しかしこの時期にそれが模索されたのは、当時の国際政治の情況とも緊密に結びついていた。

一九三〇年代はファシズムとコミュニズムというアメリカにとっての二大脅威が台頭してきた時代である。これらのイデオロギーにたいしてアメリカは民主主義と資本主義の優位をわかりやすい生活のイメージによって示す必要に迫られていた。「そうした中で、デモクラシーを表すようなアメリカ的生活様式を示すべきことが主張されたのだ。『アメリカン・ウエイ・オブ・リビング』を実証しなければならなかったのである。いってみれば、『アメリカ的生活様式』というのは、こうしたプロパガンダの中から出現してきたのだといえるだろう」[24]。大衆消費社会のライフスタイルを内外に誇示することは国家的なプロジェクトだったのである。

上・図9
ステッチがデザインのアクセント。1945年
下・図10
1950年ころのドレス。働く女性がどこでも着られることを重視

さらに四〇年代には第二次世界大戦による愛国的な気運がそれを助長した。戦時中の女性たちは工場などで働いたが、そこで得た給料は優先的にファッションの消費にまわされることになる。消費をすることは国家経済を援助することにほかならない。労働することで生活水準が上がり、それまで入手できなかった既製服を買うことができた女性も少なくなかった。このころファッション業界は、女性たちがドレスを買って美しく装うことが国内経済を盛り上げて戦争に勝利することだというプロパガンダを展開している。彼らは消費者のファッション離れをなによりおそれていたので、戦時中にもかかわらず宣伝キャンペーンを絶やさなかった。戦争はファッションを国家的なモラルに変えたのだ。

マッカーデルにとってもファッションの源泉はアメリカ的生活様式にあった（図10）。彼女は自著『なにを着るのか』（一九五六年）のなかで、デザインのインスピレーションとしてアメリカ的なものをあげている。「それはアメリカらしく見え、感じられるもの。それは自由であり、民主主義であり、カジュアルさであり、そして健康であること。衣服はそのすべてを表現することができるのです[25]」。彼女はその後も徹底してアメリカらしさにこだわった。マッカーデルは影響を受けたくないという理由から、第二次大戦後にパリがコレクションを再開してもそれを見に行こうとはしなかった。

その後、ニューヨークの服飾産業とパリモードとの関係はすぐに修復されてしまう。パリモードは戦後かなりの早さで立ち直ったが、アメリカはそれを歓迎した。クリスチャン・ディオールが復古的な「ニュールック」を発表したときも、いち早く反応したのはアメリカのジャーナリストたちである。もともとニューヨークが自国のデザイナーに光を当てたのはパリへのライバル意識からではなく、流行の発信源がなくなることで消費の原動力が失われることを危惧していたからであった。

アメリカンカジュアルはその後しっかりと根を張り、合衆国が超大国として君臨するとともに、アメリカ的生活様式の一部として世界にひろがっていく。ジーンズ、Tシャツ、スニーカーなどとともにカジュアルウエアはあらゆる地域の人々に受け入れられていく。シンプルで活動的な服装はフォーディズムの論理と倫理を身体をとおして体感することにほかならない。この身体性はのちに戦後アメリカの文化支配をとおして世界標準の身体モデルとなっていくのである。

※注

（1）常松洋『大衆消費社会の登場』山川出版社、一九九七年、一二頁。
（2）レイ・バチェラー『フォーディズム』日本経済評論社、一九九八年、七四頁。
（3）柏木博『ユートピアの夢』未来社、一九九三年、一二六頁。
（4）Peter Wollen, "Raiding the Icebox," London and New York, Verso, 1993, p.37.
（5）奥出直人『アメリカン・ポップ・エステティクス』青土社、二〇〇二年、四四頁。
（6）ジェシカ・デーヴス『アメリカ婦人既製服の奇跡』ニットファッション、一九六九年、一六～七頁。
（7）スチュアート&エリザベス・イーウェン『欲望と消費』晶文社、一九八八年、一九四頁。
（8）暇島康子『既製服の時代』家政教育社、一九八八年、一三一～二頁。

（9）常松、前掲書、一五頁。
（10）ジーンズの構造、由来については、出石尚三『完本ブルー・ジーンズ』新潮社、一九九九年がくわしい。ちなみに「ジーン」とはイタリアのジェノバのことで、港湾都市ジェノバから輸出された生地を使っていたからとされている。「デニム」はニーム産を意味し、フランスのニームでつくられた生地をさすとされている。
（11）三井徹『ジーンズ物語』講談社現代新書、一九九〇年、四六頁。
（12）三井、前掲書、八四頁。
（13）Kohle Yohannan and Nancy Nolf, "Claire McCardell," New York, Harry N Abrams, 1998, p. 42.
（14）暇島、前掲書、一四二頁。
（15）Valerie Steele, "Women of Fashion," New York, Rizzoli, 1991, p. 94.
（16）Steele, ibid., p. 109.
（17）海野弘『ダイエットの歴史』新書館、一九九八年、一四九頁。
（18）Patricia Campbell Warner, 'The Americanization of Fashion: Sportswear, the Movies and the 1930s,' in Linda Welters and Patricia A. Cunnigham (eds.), "Twentieth-Century American Fashion," Oxford and New York, Berg, 2005, p. 85.
（19）Yohannan and Nolf, ibid., p. 91.
（20）Yohannan and Nolf, ibid., pp. 80-1.
（21）Yohannan and Nolf, ibid., p. 95.
（22）Yohannan and Nolf, ibid., p. 98.
（23）Yohannan and Nolf, ibid., p. 119.
（24）柏木、前掲書、一八頁。
（25）Yohannan and Nolf, ibid., p. 87.

※図版出典
1〜3、Alice Harris, "The Blue Jean," New York, Power House Books, 2002.
4、『リーバイスの歴史が変わる』祥伝社、一九九七年。
5〜7、10、Kohle Yohannan and Nancy Nolf, "Claire McCardell," New York, Harry N Abrams, 1998.
8〜9、Valerie Steele, "Women of Fashion," New York, Rizzoli, 1991.

第6章　クリスチャン・ディオール　モードとマーケティング

あなたのドレスは本当に新しい

一九四七年二月、ヨーロッパはことのほか長く厳しい冬を迎えていた。各国はいまだに第二次世界大戦の瓦礫《がれき》の中から立ちあがろうと奮闘していた。戦争は終わったものの、経済の低迷と物資の不足は深刻で、敗戦国はもとより戦勝国さえもまだ暗いトンネルのなかで出口が見えなかったのである。そのうえ前年より降り積もった雪が長く残り、農作物の不作による飢饉《ききん》という新たな災厄さえ懸念されていた。そのためイギリスでは戦時中にもおこなわれなかった食料配給制がしかれたほどだ。戦争に勝てば平和で豊かな生活が戻ってくるはずではなかったのか。戦争中から耐乏生活を強いられてきた人々の忍耐はすでに限界にまで達していた。

クリスチャン・ディオールが「ニュールック」といわれることになるコレクションを発表したのはそんな二月一二日のことである。このコレクションのテーマはもともと「カローラライン」であり、その名のとおり女性を優雅な花の姿に見立てるものであった（カローラとは花冠のこと）。「ニュールック」という名前は「ハーパースバザー」誌編集長カーメル・スノーがディオールにこうコメントしたことに由来する。「なんて革命的なんでしょう。あなたのドレスは本当に新しいわ[1](Your dresses have such a new look.)」。熱狂は会場全体を包み、感極まったすすり泣きさえ聞こえた。

ニュールックを象徴するもっとも有名なコスチュームは「バースーツ」である(図1)。これはクリーム色のシルクのテーラードジャケットと黒いウールのロングスカートのセパレーツで構成されるスタイルであった。ジャケットは肩からパッドを外してなで肩のラインをつくっている。コルセットによりウエストを細く締め上げ、ヒップは豊かなカーブにふくらませる。下半身はたっぷりとプリーツをとったロングスカート。バースーツは女性を大輪の花のように優雅なシルエットに変えた。

このスタイルは二〇年代以来の直線的モダニズムの流れとは一線を画している。シルエット的には過去の曲線的なラインに回帰するものであったし、これらのドレスをつくるためには高級な素材が大量に必要であった。それは人びとが直面している困窮生活とはまったく別の、古き良き世界を表現していたのである。

そのためニュールックにたいする反応は好意的なものばかりではなかった。当時はまだ人々が物資の不足に苦しんでいた時代である。女性ファッションも怒り肩とひざ丈スカートという戦時中の実用性重視のスタイルが主流であり、多くの布地を使うニュールックに激昂する女性は少なくなかった。アメリカ、イギリス、フランスでは女性たちが抗議運動を組織し、ロングスカートをはさみで切り落とすパフォーマンスを演じたり、ニュールックをまとったモデルに襲いかかったりする一幕も見られた。[2] イギリスでは通産大臣がスカート丈を長くしないようデザイナーに要請したり、アメリカのジョージア州はロングスカート禁止令を立法しようとするなど、政治問題に発展しかねない勢いであった。

ニュールックへの批判は三つの立場からなされたという。[3] 第一には経済的かつ愛国的な理由である。まだ多くの国民が空腹をかかえているのに過剰に布地を使うドレスは不謹慎ではないかという意見だ。第二にはフェミニズムの立場から。ニュールックは日常生活に必要な機能性をそなえていないだけでなく、女性を美しいだけのオブジェにしてしまう。戦争によって女性たちの社会進出が進んだというのに、これは時代に逆行する男性中心主義者の陰謀ではないか。そして最後にモラルの観点からの反発もあった。それは女性のからだを扇情的に強調するという道徳的・保守的な根拠によるものである。

だがこうした反対意見もディオールの描いた夢の世界の前には無力であった。ファッ

上・図1
ニュールックを代表する「バースーツ」
下・図2
ディオールは戦後パリモードの再興に貢献した

ション雑誌はモラルも配給制度も関係なくニュールックを取りあげたし、服飾産業もこのブームに追随していく。その流行はヨーロッパやアメリカにとどまらず世界中に広がっていったのである。

ニュールックが生まれるまで

このコレクションは具体的にどこが新しかったのだろうか。

実際にディオールがめざしていたものは「革命」や「新しさ」ではなかった。むしろ彼のねらいは一九一四年以前、第一次世界大戦によって生活が一変するより前の古き良き時代の女性像を復活させることにあったのである。それはフランス北部ノルマンディー地方のブルジョワ家庭に育ったクリスチャン・ディオールにとって、幼いころの幸福な記憶と結びついたものであった。

クリスチャン・ディオールは一九〇五年英仏海峡のリゾート地グランヴィルに五人兄弟の次男として生まれている。父モーリスは実業家で、祖父が創始した化学肥料工場をうけついで各地に支店をふやすなど、順調に事業を拡大させていく。母マドレーヌは庭の花や緑を手入れしたり家を装飾したりすることを愛する有閑階級の女性であった。一家が町中から移り住んだ高台の邸宅は緑にあふれ、クリスチャンはここで満ち足りた生活をおくっている。おとなしく従順なクリスチャンは母のお気に入りで、外を走りまわるより家で想像の世界に遊ぶのを好む少年だった。彼がのちに自然に安らぎを求めガーデニングを楽しむようになったのも母親とグランヴィル時代の影響だろう。ベル・エポックのブルジョワ女性としてマドレーヌはS字カーブの優雅なドレスをまとっており、その姿はディオールの目に理想の女性像として焼きつけられたにちがいない。

父の会社の発展により、一九一一年ディオール家はパリに移り住んだ。グランヴィルの邸宅は別荘となったが、第一次大戦がおこるとふたたび疎開場所として使われている。戦後パリにもどったディオールは二〇年代の芸術文化に魅せられ、ナイトクラブやギャラリー、劇場に熱心に通った。このころパリは美術ではピカソやブラックなどのキュビスムやダダ、音楽ではエリック・サティやアーノルド・シェーンベルク、文学ではアンドレ・ブルトンやルイ・アラゴンなど、アヴァンギャルド芸術が百花繚乱と花開いていた。

大学入試資格試験の準備をする年になったディオールは芸術や建築の世界に進むことを考えたが、両親の強い反対にあって政治師範学校に通うことにした。実業の世界にはほとんど関心がなかったが、かといって向かうべき将来もまだ見えていない。彼が進学したのはただ自由になる時間がほしかったからであった。大学に入学した後も学業よりも芸術や音楽にのめりこみ、若い芸術家たちとの交流を深めていく。

芸術への愛好が高じたクリスチャンは友人ジャック・ボンジャンとともに画廊の経営にのりだすことにした。数十万フランの開業資金を提供したのは父モーリスだったが、その条件はディオールという名前を使わないことだった。父も母もブルジョワ実業家として画廊などに名前を出すことは不名誉なことと考えていたらしい。ジャック・ボンジャン画廊はダリ、マックス・エルンスト、デ・キリコなどシュルレアリスムをはじめ現代美術の著名作家の作品をあつかうようになる。

しかしニューヨークの株価急落にはじまる世界恐慌によってディオールの人生は一変してしまう。父の会社が経営難におちいり三一年に倒産、その心労もあって敬愛する母がなくなってしまったのだ。さらにジャック・ボンジャン画廊の経営もゆきづまって破産の憂き目にあう。失意のうちに友人の家を転々としていたが、なんとか糊口《ここう》をしのがなければならない。ファッション画家ジャック・オゼンヌに勧められてデッサンを描くうち、彼のファッション画がデザイナーや雑誌編集者の目にとまるようになっていく。ディオールはわれを忘れてうちこめる世界をやっと見いだした。三八年ロベール・ピゲに誘われてデザイナーとなり、第二次大戦の兵役をへて、四二年からリュシアン・ルロンのもとでファッションの世界に戻り、パリで頭角をあらわしていくのである。

四六年、転機がやってくる。あるメゾンを立て直すためにデザイナーを探していた繊維資本家マルセル・ブサックと面談したディオールは、その仕事よりも自分のファッションハウスを設立させてほしいと申し入れたのだ。これまで強く自己主張することのなかった内気な男にしては勇敢なアピールである。彼はこの有力者にパリの伝統であるエレガントなオートクチュールを復興させることが業界全体にとっての利益になると訴えた。

ブサックは第一次大戦の軍服の布地を一手に引き受けて財をなしたフランス最大の綿布製造業者である。彼は突然の申し出に驚いたが、数日間考えて承諾している。贅沢に布地をつかう豪華なハイファッションは、かつての勢いを取り戻したい繊維産業への追い風となると見込んだのだろう。ブサックは六〇〇〇万フランの資本金を用意し、ジャック・ルエというビジネスマネージャーを送りこんでいる。これはデザイナーを創作に集中させるための措置であるとともに近代的な経営方法を導入することでもあった。

新しくメゾンを立ち上げるためにはスタッフを確保しなければならない。ルロンのもとにいたレイモンド・ゼーネッカーをデザイン部門のチーフに、パトゥから三〇人のお針子とともにマルグリット・カレを技術部門のチーフに引き抜き、テイラードの責任者としてピエール・カルダンを雇うことになった。総勢六〇人のスタッフを集めたディオールはモンテーニュ大通り三〇番地の建物にファッションハウスをオープンする。すべてはブサックの財政的なバックアップがあってこそ実現したことだった。

ディオールが考えていたのは厳選された顧客のためのオートクチュールだったので、最初のコレクションも過去の伝統へのオマージュとなっていた。それはコルセットをつけた砂時計形の身体へと回帰することであった。「ドレスには組み立て材料がたくさん入っていたので、ひとりでにまっすぐに立ちそうだった。ドレスの布にはチュールが裏打ちされ、さらにストッキングが伝線しないように上質の絹の裏がついていた。パッドやひだをつけ、どのスカートも実際のヒップより張り出させ、胴着もバストより大きくつくられていた。そして、黒のチュールでつくった特別な張り骨の入ったコルセットで、ウエストを締めつけ、バストを押しあげた。時には、ヒップにフリルをつけ、胸にカップを入れて、さらに曲線を強調したものもあった[4]」。ディオールのファッションは女性の身体を「はかない建築」として構築する。豪華なドレスのための素材はもちろん繊維王から提供されたものであった。

このようなエレガンスの再来を人々は待ち望んでいたのだ。とりわけアメリカのファッション業界はパリが国際的な流行の舞台に復帰するのを求めていた。かねてよりパリのクチュールに心酔していた「ハーパースバザー」誌のカーメル・スノーは、戦後「フランスのファッション産業を再興するために、自分のもてる力のすべてを振るうことを決意」していた[5]。それ以前にもスノーはまだ無名だった時代からディオールの才能に目をつけており、ことあるごとに彼を宣伝していたのである。パリにたいしてより冷静な距離を保っていた「ヴォーグ」誌編集長ベッティナ・バラールもかつてルロンからディオールを紹介され、そのドレスを注文していた。莫大な投資がおこなわれたうえに、二大ファッション雑誌の編集長が注目していたのだから、またとない幸運なデビューだったのである。

四七年、予想をはるかに超えたニュールックの反響に戸惑っていたのはむしろデザイナー自身だった。コレクション会場での割れるような拍手や騒ぎを耳にしたディオールは舞台裏で「私はいったいなにをしたのだ」とつぶやいていたという[6]。

オートクチュールのセールスマン

ニュールックの大きな功績はパリをファッションの首都へと復帰させたことである。

それ以前のパリモードは危機的な状況にあった。ドイツ軍がパリを占領したとき、ナチスは服飾産業を管理下においている。彼らはパリモードの経済効果を高く評価していたので、一時は産業そのものをそっくりベルリンに移動することさえ目論んでいた（この計画はフランス側の強い抵抗もあって撤回されることになる）。デザイナーの中にも閉店や亡命を余儀なくされたものがいた一方、対独協力して生き残りをはかったものも少なくなかった。連合軍がパリを解放したとき、一〇〇以上ものファッションハウスがナチス・ドイツ占領下でも営業していたことを知ってアメリカは強い憤りを感じた。[7] オートクチュール組合会長リュシアン・ルロンら関係者は弁明に奔走することになる。

パリモードはこの苦境から脱するための起死回生のカンフル剤を必要としていた。そこに鮮やかに登場したのがディオールだったといえる。

ニュールックの名づけ親が「ハーパースバザー」誌だとすると、育ての親は「ライフ」誌である。同誌はこのことばを大きく取りあげて世界に配信した。シャネルと同じく、ディオールの評判を高めたのもアメリカのファッション業界だったのだ（フランスの新聞はストのため一九四七年のディオールのコレクションを見たものは少なかった[8]）。

本土が戦火にさらされず急速に経済発展を遂げていくアメリカは戦後黄金時代の階梯《かいてい》を

上っていこうとしており、豊かさを象徴するディオールファッションはその心情に適していたのだろう。ニュールック旋風により戦争中のパリモードの一件は忘れ去られていく。

ファッション界の寵児となったディオールはすぐにアメリカ市場の重要性に気づいた。彼は四七年九月にニーマン・マーカス賞の授与式のためにニューヨークに招待され、アメリカ各地で歓迎と抗議の嵐に巻きこまれている。百貨店各社はすでにニュールックのコピーを大量に売りだしていた。その喧噪のなかにあって、ディオールは当初の滞在予定を延長して、アメリカの都市や人々の生活を見てまわった。そこで目の当たりにしたのは、中産階級が一大勢力となった消費社会の活況である。彼はアメリカに支店を設立することを決意する。そこを手がかりに、アメリカ人の体型や気候にあわせて修正されたラインを立ち上げ、アメリカ市場へと本格的に進出していくのだ。創立からの五年間、ディオール社の総売上高の五〇～六〇パーセントはアメリカ市場の収益が占めたという(9)。四八年に発売された香水「ミス・ディオール」もその商品名に明らかなようにアメリカ市場を意識してつくられたものであった。

選ばれた顧客のためのオートクチュールという当初の思惑とはまったく異なる方向への展開は、あるいはデザイナーの本意ではなかったのかもしれない。彼自身は上流階級の顧客のためにドレスをつくることに無上の喜びを感じ、美食に舌鼓をうち、自邸を装飾したり庭いじりしたりするのを好むような人間だったからだ。

しかしディオールは大衆消費社会と手を組むことにためらいはなかった。もともと彼が自分のブランドを設立することができたのは、繊維資本家マルセル・ブサックの協力があったからこそである。ブサックの支援がなければ、資材の払底した戦後まもない時期にロングスカート九〇体からなるコレクションはそもそも実現するはずもなかったろう。四七年秋冬に発表したドレス「ディオラマ」ではニュールックをさらにおしすすめ、二〇メートル（一説では五〇メートルとも）もの布地が使われている。

ディオールの名声が確立するにつれて、ディオール社はストッキング、ガードル、ブラジャー、ハンドバッグ、手ぶくろ、靴、ネクタイ、ジュエリーなどの商品のライセンス契約を結んでいく。これらは八七ヶ国で発売され、ディオールの名前のついた一〇の会社へとロイヤリティが還流された。もちろんブランドビジネスを手がけたのは彼が最初ではない。結果的には破産するが先駆者にポール・ポワレがいたし、香水の分野ではシャネルが成功を収めている。しかしライセンスビジネスのもつ可能性をファッション全体へと応用したのはディオールが最初だろう。ほかのオートクチュールは権威や芸術性が損なわれるとして慎重な態度をとっていたが、ディオールの成功によってブランドビジネスの巨大な経済効果が明らかになると、みなその後に続いていく。ディオールのテーラード部門で活躍したピエール・カルダンは独立後、あらゆる商品に自分の名前を供与するブランド帝国を築きあげる。

ディオールはファッションデザインのライセンス供与にもとりくんでいる。シャネルがコピーに寛容だったのにたいして、彼はデザイン盗用には断固として反対した。あるときなどコレクション会場でスケッチしていた女性をつかまえて、そのクロッキーを引き裂いたくらいである。とくにアメリカではせっかく苦心してつくりだしたデザインも簡単に複製され、安い模造品が店頭に並んでしまう。他人に違法コピーされるくらいなら自分が正当なコピーをつくればいい。そこでジャック・ルエはブランドの正統性を守りつつ、デザインの使用料を徴収するシステムを構築したのである。

そのしくみはこうである。[10] コレクションを見にくるバイヤー全員に六万フランの保証金を支払わせる。彼らが実際に服を発注すれば、保証金は代金から差し引かれる。さらにデザインを模倣したい業者にたいして、服のトワル（布地による型紙）が販売された。トワルにはオリジナルの布地、ボタンなどの副資材などについての詳細な指示書が添付される。このトワルと指示書にもとづくことで、既製服業者は実物に近いコピーをつくり、オリジナル・ディオールのタグをつけることができる。さらにより安価な型紙も用意された。それは素材や色を自由にえらんで翻案し、より安価なコピー服を制作するためのものである。

こうしてディオール本来の高級注文服、ディオールブランドのついた既製服、実物のディオールをモデルにした既製服という階層化されたブランド世界が編成されることになる。オートクチュールの既製服化はディオール以前、それこそワースの時代からおこなわれていたが、このころより加速度的に進行していく。

それに加えて、これまで通りコピー商品もつくられたし、雑誌の写真や型紙を参考に自分で裁縫する人も多かったので、[11]パリモードはより多くの人びとに広がっていく。こうしたパリモードの普及はこれまで一部に限られていた顧客層を社会の全体へと広げて、流行のあり方そのものに変化をもたらすことになる。

オートクチュールは本来一部の富裕層のものであり、一般大衆が身につけるようなものではなかった。百貨店の正規の既製服にしても安くはなかったはずだから、多くの人々にとって手が届いたのはその質の低いコピー商品くらいだった。

しかし社会全体が豊かになって購買者層が広がると、パリモードは既製服と積極的に結びついて多様な回路から世に出されるようになった。それはファッションの民主化と大衆化を意味していた。しかしこれは豊かになって階級間格差がなくなったことを意味するわけではない（以前に比べれば、格差はかなり短縮されただろうが）。ハイファッションがマスをターゲットにしたマーケティング戦略を展開し、富める人にも貧しい人にもファッションを提供するようになったということだ。消費社会は社会的格差を見えにくくしたのである。

ディオールもブサックもオートクチュールの世界では新規参入者であり、だからこそ戦時中のパリの記憶とは無関係に、過去にとらわれない発想でパリモードの枠組みを更新することができたともいえる。ニュールックはファッションの戦後体制の出発点となったという意味でも新しかったのである。

オーガニックモダン

ディオールのデザインは過去の伝統をただ反復しただけではなかった。たしかに彼は上流階級のためのオートクチュールを復活させたし、コルセットのような拘束着を女性にふたたび着せようとした。彼のつくる夜会用ドレスは機能性や実用性などを無視したものも少なくない。しかし一九世紀のクリノリンやバッスルの時代のふんだんに装飾をほどこした重厚なドレスにくらべると、ディオールの作品は現代的なカッティングやテーラードの技法が使われており、不要な飾りのない簡潔なフォルムへと全体がまとめあげられている。バースーツが典型的だが、とりわけテーラードスーツは女性らしい曲線を強調しながらも強いモダニズムを感じさせるのだ。

ディオールファッションの大きな特徴は「ライン」の提案であった。年二回のコレクションでは毎回さまざまなラインがテーマとして掲げられている。たとえば、一九四七年春夏「カローラ、および8の形」、同年秋冬「カローラ、およびパリの背中」、四八年春夏「ジグザグ、および飛翔」、同年秋冬「つばさライン、サイクロンライン」など。ラインの名前は花冠、すずらん、チューリップなどの植物、バーティカル、アロー、オーバルなどの幾何学、A、H、Yなどのアルファベット文字など、はっきりした形態をもつものからとられることが多く（これらは彼が愛した建築や園芸に由来する）、曖昧な表現や固有名詞はほとんどない。ディオールはラインの創造に熱心に取り組み、最初の四年間は一シーズンにふたつのラインを発表することを自らに課していた。五一年より一シーズンひとつになるが、五七年までの一一年間の創作活動において三〇のラインを提案することになる。

「ライン」はニュールック＝カローラの成功によって既定路線となったのだろうが、その重要な役割は「最新の流行」をわかりやすく伝えることにあった。パリのコレクションでは一回に一五〇〜二〇〇着もの新作が発表されるので、そこから明快な傾向をつかむことはジャーナリストでも容易なことではない。簡潔な表現は顧客だけでなく一般大衆やマスコミにたいしてコレクションの方向を理解させるのにも適している。とくにジャーナリストは簡潔でわかりやすい物言いを好む。彼らが気にかけているのは作品の内容よりも、記事にしやすいスカート丈の長短である。ラインの提案はマーケティング戦略の一環でもあり、彼が社会にむけてトレンドを発信していくことをいかに重視していたかを示している。

ラインを強調したデザインは女性の身体をひとつの抽象的なシルエットに構築することになる（図3）。服は内側から骨組みにより補強されていることが多く、着る人は体型にかかわりなく定まった型にはめこまれるのだ。ディオールのファッションは女性のからだを彫像へと変換する。四八年のアンヴォル（飛翔）ラインではスカートの後ろを尾翼のように造形するなど、高度な職人技をつかったオートクチュールはまさに布の彫刻というべきものであった。戦後のオートクチュールは構築性を重視し、スペイン出身のクリストバル・バレンシアガはその卓越した造形力によってディオールとともにパリに君臨した。

もっともディオールのフォルムは一九世紀の歴史衣装よりも二〇世紀の抽象美術との類似を感じさせるものがある。すでに見たように、彼は若いころから芸術や音楽に親しんでおり、かつて共同経営していた画廊でもキュビスム、ダダ、シュルレアリスムの作品をとりあつかっていた。彼のドレスのシルエットがときとして大胆に躍動する曲線を描くのも、記憶のなかに収蔵されていたホアン・ミロやハンス・アルプに触発されたのではないだろうか。服のフォルムを極限にまで純化させる彼のドレスは復古的というにはあまりに現代的に見える。

五〇年代になるとディオールは抽象的なラインへとさらに近づいていく。彼はウエストを次第にマークしなくなり、五四年のHラインではついにバストやヒップの曲線をほとんどおさえたストレートなシルエットを提案している（図4）。Hラインは曲線美に慣れていた人々に大きなショックを与えている。

四〇年代後半から五〇年代にかけて、有機的な曲線のデザインがファッション、家具、工業品、陶磁器、ガラス、テキスタイル、建築などの分野に登場している。この時代を概観したレスリー・ジャクソンはこの流れをオーガニックモダニズムと呼び、ディオールのニュールックとの共通性に注目している[12]（図5）。

ジャクソンによれば、オーガニックモダニズムは第二次大戦後にアメリカ、イギリス、イタリア、スウェーデン、デンマーク、フィンランドなど各国から同時多発的に出現したデザイン様式だという。その生物のような不思議なフォルムはかつての直線的なモダンデザインとは一線を画していた。ジャクソンはそこに現代美術、とくに彫刻からの影響があると指摘する。二〇世紀前半にコンスタンティン・ブランクーシ、ハンス・アルプ、ヘンリー・ムーアらは抽象的な形の彫刻作品を発表している。このころムーア、イサム・ノグチ、ルーチョ・フォンタナ、ピカソなどの芸術家たちも陶芸や工業デザインに取り組んでおり、芸術とデザインは直截に結びついていた。

　オーガニックモダンの実例として日本でもよく知られているのは「イームズチェア」であろう。アメリカのデザイナー、チャールズ＆レイ・イームズ夫妻が開発したイームズチェアは、成型合板やＦＲＰ（繊維強化プラスティック）などの可塑的な素材により実現したユニークな曲線、人体を包むような空間性に特徴があり、ミッドセンチュリーモダンを代表する家具である。イームズチェアはチャールズ・イームズとエーロ・サーリネンが一九四〇年ＭＯＭＡで開催された「オーガニックデザイン家具」コンペティシ

上・図3
ディオールのAライン
下・図4
ディオールのHライン。ストレートなラインへと変化

ヨンで一位を獲得した作品にもとづいている。作品づくりにかかわったレイ・カイザー(イームズ)はもともと抽象美術を学んでおり、デザインの世界に飛びこむまで美術作家として活動していた[13]。四八年に夫妻が発表した「ラ・シェーズ」のデザインはまるで抽象美術の作品のようである。

一九五五~五七年にサーリネンが発表した「チューリップチェア」(図6)も、その名のとおり花のようにたおやかな姿形をしている(ディオールがチューリップラインを発表したのは五三年)。エーロ・サーリネンはニ〇年代にパリで彫刻を学んでおり、やはり抽象芸術の訓練を受けていた。彼の父エリエルはフィンランド出身の建築家でクランブルック美術学校の校長としてアメリカのデザイン教育に貢献した人物だが、彼をとおしてエーロも北欧モダンの精神を受け継いでいる(イームズ夫妻とサーリネンはクランブルックで教鞭をとっていた)。北欧には有機的なモダンデザインを追求してきた伝統があり、「パイミオチェア」のアルヴァ・アアルトや「アントチェア」のアルネ・ヤコブセンのようなデザイナーが知られている。

オーガニックモダンの出現は二〇世紀初頭のバウハウスやル・コルビュジエが先導した直線的で幾何学的なモダニズムから、イメージ重視のダイナミックな流線形をへて、人間らしさや生命力を感じさせる形態へとデザイン言語が変遷していったことを意味する。かつて「住むための機械」を提唱したル・コルビュジエでさえ、五五年に竣工したロンシャンの教会堂では生物にも似た有機的なデザインを志向するようになっていた。

ディオールもまたものの形態を純化し、プロポーションの美を求めるモダニストのエートスをもっていたということだ。

ポピュラックスとフィフティーズ

オーガニックモダニズムはやがて戦後の大衆消費社会のなかに呑みこまれていく。イームズチェアが成型合板やＦＲＰという大量生産を前提としたデザインであったように、この様式は大量消費のライフスタイルに親和性が高かった。デザイナーや芸術家は純粋にフォルムの美学を探求していたのかもしれないが、それを表面的なスタイルとしか見ない製造業者によって多くの模造品が送りだされ、巷間《こうかん》に氾濫することになる。それはニュールックがアメリカでたどった道でもあった。

戦後のアメリカは史上空前の好景気に沸き、本格的な大衆消費社会が到来した。消費生活の舞台となったのは郊外都市である。戦後、復員兵など人口の増加に対応するべく

上・図5
ディオールのオーガニックモダン
下・図6
エーロ・サーリネンが発表したチューリップチェア。有機的形態が特徴

大規模な宅地開発がおこなわれ、安価なプレハブ住宅が大量に供給された。プレハブ住宅の建築業者ウィリアム・レヴィットからとってレヴィットハウスと呼ばれたこのプレハブ住宅は平均的労働者の年収二年半ほどの値段で購入でき、低所得者にも絶好の生活基盤となった。郊外住宅に続々と移り住んだ人々はさらに自動車、家具、家電、テレビなどを買いそろえ、夢の消費生活を追求していったのである。

郊外化は核家族化を促進し、男は外で働き女は家事をするという役割分担を強めた。このころ普及したテレビでは郊外の幸福な家族を描いたドラマが放映され、頼りになる父、やさしい母、元気いっぱいの子どもたちが繰り広げるホームコメディが人気を博しているが、テレビは郊外の核家族を理想化し、人々の価値観を均質化させ、中流意識を植えつけることになる。戦後型消費社会においては、必要を満たすためでも富を誇示するためでもなく、隣人とおなじ生活をするために消費がなされるのだ⑭。

モノにあふれたアメリカ的生活様式にはこれまでも対外的プロパガンダの側面があったが、五〇年代にソ連との冷戦に突入して際限のない軍拡競争にのめりこむようになると、その重要性はいっそう強調されることになる。それを象徴するエピソードがいわゆる「台所論争」である。これは一九五九年にモスクワで開催されたアメリカ博覧会を訪れたニクソン副大統領がフルシチョフ首相に電化製品がそろったモデルハウスの台所の前で、アメリカでは労働者でもこれほど豊かなモノを享受することができるのだと挑発したものだった。ニクソンはアメリカではソヴィエトのように国家が一方的に押しつけるのではなく、国民が自由に生活を選択できると自慢している。アメリカ型消費生活は自由と民主主義のシンボルであり、世界中に理想のライフスタイルとして喧伝されたのである（図7）。

トーマス・ハインは大衆消費社会が爛熟した五〇年代後半から六〇年代前半を「ポピュラックス（ポピュラー＋デラックス）」の時代と呼び、そのキッチュな美学に言及している[15]。アメリカの産業界は年二回コレクションを発表するファッション業界に倣って、商品発表会やモデルチェンジを頻繁におこなうことで国民の消費意欲を煽っている。フィフティーズの消費文化はモダニズム、流線形、オーガニックモダンを混ぜ合わせてさらに過剰にしたようなデザインを量産した。たとえば自動車にロケットのようなデザインや機能的には意味のない巨大なテールフィンをつけるなど、大げさなまでにゴージャスなデザインが一世を風靡する（図8）。表面的には豪華で立派だが、その内容はむしろ薄っぺらであり、統一感のある美意識が欠落しているのがポピュラックスの特徴であった。

ディオールが復活させたパリモードは豊かな時代における新しい女性ファッションを求めていたアメリカのファッション産業にとっては福音となる。彼らはニュールックを最大限に利用してフィフティーズファッションをつくりだした。それは実用的なアメリカンファッションと華やかなパリモードを混交させたものといえよう。

ディオールの女性像は基本的に保守的だったが、これは女性は主婦として母として家事をしたり家族の世話をみたりするべきだという郊外の中流家庭の価値観にもかなっており、戦後に復活する家父長制イデオロギーとも符合していた。

フィフティーズファッションは砂時計形のシルエットを基本にしており、見せることを重視した身体像であった。このスタイルはウエストを細くするコルセットやバストを持ち上げるブラジャーなどの補整下着によって成立する。そのためからだを整えるための下着が発達するのもこの時期だ。五〇年ごろにはニュールック風のシルエットをつくるために「ワスピー（蜂の胴）」というコルセットが人気になった。テクノロジー万能の風潮を反映して、化学繊維のナイロンによるストッキングが普及したり、ライクラのような弾性糸を導入した快適で補整性にすぐれたブラジャーなど、ハイテク技術をとりいれた下着が売りだされた。ブラジャーをつける人の体型に応じてA・B・C・Dなどのカップサイズが導入されるなど、下着がいっそう精緻に身体を鋳造していくのもこの時期からである。[16]

マリリン・モンロー、ジェーン・マンスフィールド、ソフィア・ローレン、アニタ・エクバーグなどのグラマラスな映画女優たちがセックスシンボルとなったのも五〇年代である。彼女たちの豊満なからだ、突きだすバスト、逆毛を立てたヘアスタイルは欧米男性の性的ファンタジーを形象化したものだったが、過剰なまでのゴージャスさを求めたポピュラックスの時代にふさわしい女性像であった。このようなグラマラスボディは出るところを出しひっこめるところはひっこめなければならないので、女性たちはそのスタイルになるようダイエットしなければならなかった。家庭電化によって家事が省力化されて生じた時間は美容やダイエットにあてられ、夫や恋人に愛されるように心がけるのだ。

ちなみにディオールは女優の顧客はたくさんいたが、映画のコスチュームを積極的に手がけることはなかった。パリモードとハリウッド映画との幸福な結びつきはむしろユベール・ド・ジヴァンシーによるオードリー・ヘップバーンの衣装デザインにみられる。

このころ流行に大きな影響力があったのはファッション雑誌である。「ハーパースバザー」誌や「ヴォーグ」誌には編集者としてダイアナ・ヴリーランド、アートディレクターのアレクサンダー・リーバーマンやアレクセイ・ブロドヴィッチ、写真家のアーヴィング・ペンやリチャード・アヴェドンのような傑出した才能が集まり、華麗なるファ

上・図7
ポピュラックスの時代の豊かな生活のイメージ
下・図8
50年代は自動車もジェット機のようにデザインされた

ッションの世界を鮮やかに表現しひとつの黄金時代を迎えていた。ペンやアヴェドンは対象のフォルムを際立たせる大胆な構図と細部までくっきりと浮き上がらせる描写力によってパリモードの魅力をいかんなく表現してみせた。

いうまでもないことだが、元来ディオールがめざしていたものはポピュラックスではなかった。彼はオートクチュールの優れた技術を用いて、シルエットを現代的に再構成し、エレガンスの地平をおしひろげてきたが、それは大衆化や過剰化とは交わることのない洗練された美意識を追求することであった。五四年以降のH、A、Yなどのアルファベットラインが女性のからだをほっそりしたシルエットにしようと試みたときであっても、それはエレガントな女性らしさを感じさせるデザインであった(にもかかわらず、女性のからだをフラットにするとして非難され、マリリン・モンローは自分が侮辱されたかのように抗議している)[17]。

パリモードの大衆化を快く受けとめていたかどうかはともかく、ディオールはブサックの帝国を拡大するために尽力した。流行はもはや一部の上流階級から生みだされるものではなく、ファッション業界と一般大衆によってつくりだされる時代になっていることを彼は承知していた。ディオールのデザインもフィフティーズファッションのなかに翻案され、世界へと広がっていったのである。「タイム」誌は彼をフィーチャーした特集号のなかで「ディオールは偉大なる広告業者である」と書き、戦後ファッションの普及に果たした役割を評価した[18]。

戦後ファッション体制

パリがひとつの拠点として流行のイメージ・ランドスケープを先導し、アメリカをはじめとする各国の服飾産業、メディア、小売業者がそれを普及させるというグローバルなファッション地図が確立する。このようなファッションの構造は以前から形づくられてきたが、戦後に一気に完成していった。

そこにはフランスの産業界の思惑もあった。かねてからパリモードはオートクチュール組合がコレクションの運営や著作権の保護などの活動をしてきたが、五四年「コルベール委員会」という異業種交流団体が結成され、モード、化粧品、香水ほかのぜいたく品の海外への普及をもくろんでいる。委員会の目的は「フランス式生活美学を世界に広げること、フランス人好みの表現では、ART DE VIVRE＝生活芸術のプロモーションをおこなうこと」にあるという[19]。まさしく「フランス的生活様式」のグローバル化をめざした動きであった。

日本でもディオールはいち早く注目されており、洋裁学校や雑誌をとおしてニュールックは数多く模倣され、日本人のパリモードへの憧れを大いに煽りたてた。本人の来日はなかったが、五三年文化服装学院が本国からマヌカンとスタッフを招聘《しょうへい》してディオールのファッションショーを開催している。高額の入場料を支払った人々ははじめて見るオートクチュールに深い感銘を受けた。それは日本の洋裁文化を向上させた反面、パリの権威を過剰に崇拝し、ブランドを無批判に受容する土壌を用意することになったのではないだろうか。

テオドール・アドルノとマックス・ホルクハイマーは、アメリカにおいてハリウッド映画やポピュラー音楽などの文化産業が人びとの感性を均質化し、資本主義に依存するような感覚や欲望をつくり出していると議論している[20]。ドイツから亡命してきた彼らにとってそれは巧妙なメディア操作によって国民を戦争に導いたナチスの記憶につらなるものに思われた。パリやニューヨークを中心とした戦後ファッションは服装のグローバルな均質化をもたらしたともいえる。戦後の既製服産業やメディアの発展は流行の普及を速めただけでなく、地域、文化、宗教、階級、民族、人種などにより多様であった服装文化の画一化をうながした。ファッション業界も流行のスタイルへとからだを標準化していくという意味で、感性を画一化していったのである。

もちろんより多くの人々が「ファッション」をまとうことができるようになったこと自体は悪いことではない。技術さえあれば型紙を買ってディオールを自家裁縫することができたので、たとえばイギリスでは労働者階級の女性たちも自分たちなりにニュールックを咀嚼してドレスを創作していた[21]。そうしたドレスはときとしてオリジナルとは似て非なるものだったかもしれないが、つくり手なりの創造性が発揮されていたのだ。それはハイファッションを独自の立場から再解釈することを意味していた。

五〇年代になって、ディオールのデザインはよりストレートでスリムなラインへと転換をはかったが、それはティーンエイジャーが大人の権威に反抗しながら、独自の存在感を放つようになっていくのと同時期であった。ジェームズ・ディーン、エルヴィス・プレスリー、ロックンロールに代表される若々しい身体の時代が迫っていた。ディオールもこうした動きは知っていたにちがいないが、自分ではついに目にすることのなかった六〇年代若者文化の胎動を感じていたのだろうか。

五七年ディオールは心臓病の静養に訪れていたイタリアで急死する。享年五二。もともとからだが頑丈ではなかった彼には年二回のコレクション制作や世界中へのプロモーション活動は過酷だったようだ。デザイナーとしてのデビューは四一歳なのでずいぶん遅咲きだったが、その早すぎる退場はあまりにも唐突であった。

ディオールと同年齢のデザイナーにクレア・マッカーデルがいる。マッカーデルは五八年に亡くなっているので、活動時期は少しだけ長かったが、ほぼ同じ時代を生きたことになる。アメリカンスタイルを確立したマッカーデルとパリモードを普及させたディオール、同じ年に生まれたふたりは戦後ファッションの基礎づくりに大きな役割をはたした。

生前ディオールはメゾンの後継者として弱冠二一歳の青年イヴ・サンローランを指名していた。サンローランは五八年より二年間デザイナーをつとめたのち、六二年に自分の会社を立ち上げて、さらに本格的なプレタポルテ時代へと乗り出していく。かつてディオールのもとで働いていたピエール・カルダンと同様に、サンローランもプレタポルテの旗手として活躍し、フランスのブランドビジネスの重要な担い手となる。ディオールが着手したパリモードの産業化は弟子たちへと引き継がれ、後日さらにグローバルに展開していく。オートクチュールと既製服、上流階級と一般大衆、エレガンスとポピュラックス、中小企業と大企業、さまざまなファッションの橋渡しをすることで（かつてワースがそうしたように）、ディオールは二〇世紀ファッションにひとつの道筋をつけたのである。

※注

（1）Nigel Cawthorne, "The New Look," New Jersey, The Wellfleet Press, 1996, p. 109.
（2）Cawthorne, ibid., pp. 115-7.
（3）Elizabeth Wilson and Lou Taylor, "Through the Looking Glass," London, BBC Books, 1989, p. 149.
（4）ブリジット・キーナン『クリスチャン・ディオール』文化出版局、一九八三年、三二頁。
（5）マリー＝フランス・ポシュナ『クリスチャン・ディオール』講談社、一九九七年、一六八頁。
（6）Cawthorne, ibid., p. 133.
（7）Lou Taylor, 'Paris Couture 1940-1944,' in Juliet Ash and Elizabeth Wilson (eds.), "Chic Thrills," London, Pandora, 1992, p. 135.
（8）Cawthorne, ibid., p. 109.
（9）Cawthorne, ibid., p. 156 およびポシュナ、前掲書、三一六頁を参照。
（10）ポシュナ、前掲書、三一四〜五頁。
（11）Cf. Angela Partington, 'Popular Fashion and Working-Class Affluence' in Juliet Ash and Elizabeth Wilson (eds.), "Chic Thrills," London, Pandora, 1992, pp. 145-61.
（12）Lesley Jackson, "The New Look; Design in the Fifties," New York, Thames and Hudson, 1991.
（13）このあたりの事情は、ジョーゼフ・ジョバンニーニ「チャールズ・イームズとレイ・カイザーのオフィス」

（「チャールズ&レイ・イームズ　The Work of Charles And Ray Eames 日本語版カタログ」読売新聞大阪本社、一九九四年所収）にくわしい。

（14）社会学者ディヴィッド・リースマンは一九五〇年に出版された『孤独な群衆』において、アメリカ人が「他人指向型」のパーソナリティに支配されつつあると指摘していた。

（15）Cf. Thomas Hine, "Populuxe," New York, MJB Books, 1986.

（16）Marianne Thesander, "Feminine Ideal," London, Reaktion Books, 1997, pp. 155-77.

（17）Cawthorne, ibid., p. 161.

（18）ポシュナ、前掲書、三二二頁。

（19）北山晴一・酒井豊子『現代モード論』日本放送出版協会、二〇〇〇年、一六九頁。

（20）マックス・ホルクハイマー、テオドール・W・アドルノ『啓蒙の弁証法』岩波書店、一九九〇年を参照。

（21）Partington, ibid., pp. 158-60.

※図版出典

1～2、マリー＝フランス・ポシュナ『Dior』光琳社出版、一九九六年。

3～5、Nigel Cawthorne, "The New Look," New Jersey, The Wellfleet Press, 1996.

6、François Baudot, "Les Assises du Siècle," Paris, Editions du May, 1990.

7～8、Thomas Hine, "Populuxe," New York, MJB Books, 1986.

第7章　マリー・クアント　ストリートから生まれた流行

ミニスカート革命

一九六〇年代、ファッション史は大きな転換期を迎える。

パリでは世界のファッションをリードしてきたオートクチュールから、その主力がプレタポルテへと移行していく。一九世紀後半に誕生したオートクチュールはもともと上流階級、それに準ずる中間階層の富裕層を対象としていたが、既製服産業の台頭と相まって、高価な注文服を求める顧客は減少の一途をたどっていた。

オートクチュールはもともと一般の女性が気軽にまとうような性格の衣服ではなかった。しかしそのシーズンに発表される新作のデザインは、雑誌や新聞に取りあげられたり、既製服産業がコピーしたりすることで、時代のトレンドに大きな影響を与えてきたのである。その凋落は戦後ファッションの再編を意味していた。

それは戦後生まれのベビーブーマーが成長して世代としての価値観を主張しはじめたことと無関係ではない。彼らが可処分所得を持つようになると、上の世代とは異なる独自の消費行動を開始する。その結果、若者世代の人口の多さとエネルギーは流行の潮流を左右していく。ファッションにおいても上品で洗練された大人の女性ではなく、身近にいるような親近感や活発さにあふれた若い女性へ、理想の身体像が変化していく。パリのサロンが独占していたエレガンスの美学はもはや時代遅れになり、サンフランシスコ、ロンドンなどのストリートから新しい価値観が登場してきたのだ。

この変化を象徴していたのがミニスカートである。

六〇年代に流行した風俗は数多い。たとえば、この時期に若者たちがはやらせたファッションにジーンズがある。ジーンズは一九世紀後半に誕生、それ以降も時代の変遷とともにさまざまな受容をされ、六〇年代に広がったのち現在でも年齢・性別を問わずもっとも人気のある衣料品のひとつだ。それに比べると、ミニスカートは六〇年代に大きなブームを巻きおこしたが、この時代とともに役割を終えた感が否めない。その意味でミニスカートはとりわけ六〇年代的な風俗現象だったといっていいだろう。

ミニスカートは六〇年代前半にロンドンで生まれ、六五年にパリコレクションでも発表されたのをきっかけに世界に広がっていったといわれている。

パリのデザイナーはミニスカートには強い抵抗を示していた。パリのエレガンスはひざを露出することを認めていなかったためである。二〇年代にモード界の革命児であったガブリエル・シャネルも「ひざは美しくないので出してはいけない」と強硬に主張したくらいだ。しかしアンドレ・クレージュという若いオートクチュールのデザイナーがミニを発表すると、ほかのメゾンも後を追うようになる。パリによって公認されたことはミニスカートの普及を加速させた。

日本でも六七年ごろから流行現象になっている。はじめは都市の若い女性たちを中心としたファッションだったが、やがて世代や地域を超えた広い層へと浸透していった。年齢にかかわらず女性たちが身につけたことが、ミニスカートを戦後最大のブームにした原因であろう。

ミニスカートとはなんだったのか。それはどのように時代や人々と結びついていたのか。それが誕生したロンドンの状況と、フランスや日本での展開を見ることで、世界的に展開された六〇年代の消費とストリート、そして身体の関係について考えてみたい。

マリー・クアントとチェルシー・ガール

ミニスカート・ブームにおいて重要な役割を果たしたのはイギリスのデザイナー、マリー・クアントだ。実際には彼女がミニスカートを考案したわけではなく、ロンドンの若い女性たちが身につけていたスタイルを商品化して発表したところ、大きな反響を呼んだということである（図1）。その意味では、ミニスカートを最初に「発明」したのは戦後イギリスの若者文化であった。

イギリスの一九五〇年代は戦後復興を遂げて好景気を迎え、大量消費の時代が到来し、若者たちが新しいポップカルチャーを立ち上げる時期にあたっていた。映画、テレビ、雑誌、ファッション、ポップ音楽などの大衆文化がにぎやかに発信され、ロンドン都心の中心地区ソーホーやチェルシーにはカフェ、バー、レストラン、クラブ、ブティックなどが建ち並び、消費と歓楽の都市へと変貌しつつあった。そんな華やかな喧噪と蠱惑《こわく》的な夜の光に惹かれて、多くの若者たちがこれらのエリアに群れ集うようになる。

クアントもそんな若者のひとりであった。彼女は一九三四年ロンドン郊外に生まれている。もともとファッションデザイナーになりたいという夢をもっていたが、実直な教師だった両親に美術教員の資格を取るように諭されて、ロンドン南東部にあるゴールドスミス・カレッジに入学する。ここで彼女は将来の公私にわたるパートナーとなるアレクサンダー・プランケット・グリーンと出会う。バートランド・ラッセルやイブリン・ウォーを親戚に持つ名門の出身であり、奇抜なファッションでソーホーのジャズクラブに出入りするボヘミアン気取りのプランケット・グリーンは、カリスマ的な魅力があり学校でも人気者であった。彼に導かれるようにしてクアントはソーホーやチェルシーの盛り場に入り浸るようになる。五〇年代ロンドンはモダンジャズやビートニクスの全盛

上・図1
スクールガール風のミニスカート
下・図2
ジンジャー・グループから出した、クアントのミニ

期。このころチェルシー地区には彼らのような若くて自由な気風を愛する連中が集まってきていた。そこには画家、写真家、建築家、作家、俳優、高級娼婦、詐欺師、ギャンブラー、自動車レーサー、TVプロデューサーなどがいたという。のちに「チェルシー・セット」と呼ばれるようになる彼らは、保守的な主流文化にたいして不満を抱いており、古い因襲を打破して自分たちの世界観を確立しようとしていた。[1]

五五年、マリーとアレクサンダーは、ビジネスパートナーのアーチー・マクネアとともに高級住宅街キングス・ロードにブティック「バザー」をオープンする。自分たちのようなチェルシーにやって来る若者たちに向けたファッションを提供するというコンセプトで、クアントは年来の夢を実現しようとしたのだった。まだ当時は若者向けファッションというカテゴリーが確立しておらず、若い女性も母親と同じ服を身にまとい、大人の身だしなみの規則に従っていた。ロンドンのクチュール業界にはノーマン・ハートネルやハーディ・エイミスなどのデザイナーが活動していたが、パリモードと同じく富裕な大人の女性を顧客としていた。若者たちは服装のルールや伝統から解き放たれ、自分や世代を表現する新しい服を求めるようになっていたのである。

その頃クアントは帽子屋で働きはじめていたが、大学で服飾の専門教育を受けたわけではなく、夜学で裁縫の勉強をしたくらいで、ファッションビジネスについては素人同然だった。当初は問屋で服やアクセサリーを仕入れていたが、すぐに店に並べる商品がなくなり、自分でデザインするようになったのがデザイナーとしての出発点となる。最初は市販の型紙を自分の好みに合わせて修正することから始め、試行錯誤や失敗を重ねながら、寝る間も惜しんで制作に没頭していく。布地屋から安く生地を仕入れることさえ知らなかったので、ハロッズ百貨店の高価なテキスタイルを買ったりしたほどだった。[2]バザーの服はけっして安いものではなかったが、店に出すと飛ぶように売れた。若い世代は消費の担い手として力を持ちはじめ、五九年には一〇代の可処分所得が全世代の可処分所得のうち一〇パーセントを占めるようになっていた。[3]より多くの若者が大人の着る服とは異なる、より自由で、カラフルで、活動的なファッションを求めるようになっていたのである。クアントはそのような欲求に応えたのであった。

クアントのデザインはシンプルで力強い、直線的なラインを特徴としていた。黒やベージュ、茶色などの色彩、装飾性を切りつめたシルエット、花柄や水玉などのポップな柄、そして活動的な短いスカート（図2）。そこには五〇年代のサブカルチャー、ビートニクスからの影響が見られる。彼女はまた女学生の制服をモチーフにしたり、ビニールや化学繊維といった新素材に挑戦したり、若々しさをデザインに積極的に取り入れていった。

またクアントはバザーのウィンドウディスプレイを重視し、動きのある演出や斬新な展示をおこなった。当時のキングス・ロードは閑静な住宅街であったが、道行く人は一目でディスプレイのインパクトに足を止めた。バザーはクアントの友人たちが訪れるなどチェルシー・セットの社交場となり、さらに多くの若者たちを集めていった。こうした成功を受けて、五七年にはナイツブリッジにバザー二号店がオープンする。

クアントは当時のロンドンをこう述懐している。

「その頃、チェルシーのことが、何らかの形で新聞にでない日はなかった。チェルシー地区の穴蔵、ビートミュージック、女の子やその服装のことなどが、毎日のようにジャーナリズムを賑わせていた。チェルシーは、もはやロンドンの一地区ではなくて、サンフランシスコ、グリニッジ・ビレッジ、パリ左岸と同じように、チェルシー風な生活様式、チェルシー風なファッションという意味で、世界に喧伝された。

黒いストッキングに革のブーツをはいて、キングス・ロードを行くチェルシー・ガールの服装は、ロンドンの他の地区の女の子が真似をし始め、間もなく世界中に行きわたろうとしていた」(4)。

クアントは単にミニスカートというひとつの流行を演出したというより、チェルシー・ガールの感性や欲望が投影されたひとつのスタイルを作りだそうとしていた。彼女はそれを自伝のなかで「チェルシー・ルック」と呼んでいる。

クアント自身がチェルシー・セットの一人でもあって、ヴィダル・サスーンのカットによるショートボブの髪形とミニスカート姿は彼女のトレードマークとなり、メディアによく取りあげられて世に広まった(図3)。六六年にファッションの輸出に貢献したことを評価されてOBE(大英帝国四等勲士章)を授与されたとき、バッキンガム宮殿にクリーム色のミニスカートをはいて現れたことも大きな話題となっている。チェルシー・ルックをまとってデザイナーとして活躍するクアントは、新しい時代の活動的な女性像を体現していたのである。こうしたイメージが少女たちにとって憧れの女性像となったことは想像にかたくない。

イギリスの若者たちはポップミュージック、映画、ファッション、写真などの大衆文化の世界で活躍し、自分たちの感性を加えた新しい表現を生みだしつつあった。それは国内にとどまることなく海外からも注目を集めていく。ビートルズやローリング・ストーンズに代表されるミュージシャン、テレンス・スタンプやマイケル・ケインら俳優、デビッド・ベイリー、テレンス・ドノバン、ブライアン・ダフィなどの写真家、ヴィダル・サスーンのような美容師がアメリカに進出し、イギリス文化は世界へと大きな波を引き起こしていくのである。

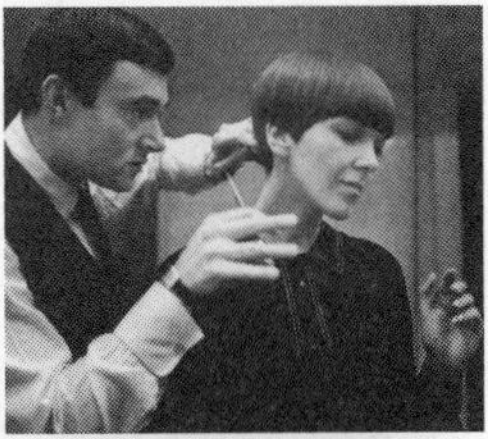

上・図3
クアントの髪をカットするサスーン。60年代ロンドンを代表するふたり
下・図4
ビバが発信したアールデコ調ファッション

スウィンギング・ロンドン

一九六〇年代、ロンドンは消費都市として盛名をはせ、「スウィンギング・ロンドン」という呼び名を冠されることになる。

ファッション業界には、クアントの後を追って、女性二人組マリオン・フォールとサリー・タフィン、バーバラ・フラニッキ、オジー・クラーク、ザンドラ・ローズ、ジェームズ・ウェッジなど、若いデザイナーや起業家が続々と参入していく。

フォールとタフィンはロイヤル・カレッジ・オブ・アートに在学中、学校に来たプランケット・グリーンの講演を聞いて、六一年にカーナビー・ストリートにスタジオを設立。彼女たちはイヴ・サンローランに先駆けてパンツスーツを発表したことで知られる。フラニッキはブティック「ビバ」を六四年にオープンする。ビバは一九二〇〜三〇年代のファッションやアーツ・アンド・クラフツ運動に影響を受けたロマンチックなイメージを展開し、クアントよりも安価な服をより広い階層の少女たちに提供した（図4）。クラークは六四年ロイヤル・カレッジ・オブ・アートを卒業、テキスタイルデザイナーのセリア・バートウェルとともに、三〇年代風のバイアスカットを駆使したドレスなどを発表し、多くの有名人顧客を抱えた。

彼らはクアントと同じく、ハイファッションのドレスメーカーに弟子入りしたり一般向けの既製服会社に入るのではなく、学校を卒業してすぐに独立して自分たちの作りたいものを発表することを選んだ。美術学校出身者が多かったこともあり、服飾の既成概念にとらわれない新しいファッションが生まれ、ファッション雑誌によって大きく取りあげられていく。若者向けのブティックが増加したのもこの時期である。若い起業家たちが手がけたショップが次々に開店し、六七年頃のロンドンにはブティックが約二〇〇〇店もあったという(5)(図5)。

一方、男性の服装にも変化が起こっていた。

六〇年代前半、ロンドンにはモッズという若者たちのサブカルチャーが登場している(6)。モッズの男性たちは細身のスーツをテーラーで仕立て、ヴェスパなどのイタリア製スクーターを乗り回した。モッズとはモダニストを略したもので、カフェやバーに出入りしてモダンジャズやポップスを聴いたりダンスしたりするグループである。その多くは下層中流階級や労働者階級の出身で、事務職や単純労働作業についており、現実の世界では獲得できない自己実現をファッションや消費によって満たそうとした。彼らは対抗するグループであるロッカーズとの争いが絶えず、六四年のバンクホリデー（国民の祝

上・図5
若い女性たちはブティックに夢中。1965年
下・図6
ツィギーはスウィンギング・ロンドンのアイコンとなった

日）にロンドン近郊の保養地ブライトンで両グループが衝突し、警察を巻き込んだ暴動に発展している。マスコミはこの出来事を無軌道な若者を象徴する事件として報道した。モッズに見られたファッション意識は、六〇年代半ばには細身でカラフルな男性ファッションの流行へと発展し、「ピーコック革命」などと言われた。モッズをさらに派手にしたような、ヴェルヴェットやストライプの細身のスーツに幅広のタイやスカーフを締めるスタイルが、カーナビー・ストリートやキングス・ロードのブティックから発信され、新しい男性ファッションのステレオタイプとして確立された。これはビートルズやローリング・ストーンズなどのロックバンドが身につけて、世界に知られるようになる。

若者文化の新しい波はメディアによって誇張され世界に伝えられたが、とりわけロンドンに熱い視線を向けていたのはアメリカであった。「タイム」誌六六年四月一五日号は「ロンドン　スウィンギング・シティ」という特集号である。ある記者は、かつて五〇年代に訪れたときは「爆撃の跡とロンドン塔、水っぽいマッシュルームと芽キャベツ」しかなかったロンドンが、おいしい食事や最新のトレンドが手に入る街になったことを驚きとともに伝えている。(7)「タイム」誌は新しく生まれ変わった都市の諸相を取材するために、現地スタッフも含めて一二名もの取材態勢で臨んだ。この特集にはロンドンのショップやレストランが紹介され、またミック・ジャガー、マイケル・ケイン、デビッド・ベイリー、ジーン・シュリンプトンら若い世代の有名人たちがロンドンの最先端の生活を楽しむ物語風スナップも掲載されている。この記事がきっかけとなって、「スウィンギング」ロンドンのイメージが世界に喧伝されていった（もっともだれがスウィンギングという言葉を最初に使ったのかについては諸説ある）。「タイム」誌の表紙イラストには、ビッグベン、二階建てバス、ジャガーのスポーツカーなど、英国アイコンを背景に若者たちが躍動する様子が描かれており、男性は長髪にベルボトム、女性は幾何学模様の入ったミニスカートをまとっていた(8)。

この特集記事には、イギリスの若い女性にたいする性的関心が隠されていたという。当時の「タイム」誌スタッフ、アンドレア・アダムスはこう証言している。「ロンドンは特別だったし、一種の神秘性があったわ。でもあのカバーストーリーをつくったのは、社会や文化への関心ではなかったの。上級編集委員を惹きつけたのはミニスカートだった。少しでも誌面に足だの胸だのお尻だのを載せられる場所があれば、彼らはそうしようとしたものよ(9)」。

アメリカのジャーナリスト、ジョン・クロスビーは「タイム」誌より一年早い六五年に英国「デイリー・テレグラフ」紙に「ロンドン、もっともエキサイティングな都市」を寄稿しているが、すでにここでもイギリスの若い女性たちが個性的で活発で、性的にも開放的であることが強調されていた(10)。

六〇年代ロンドン女性のイメージは「ドリー・バード」と呼ばれている。当時人気のあったジーン・シュリンプトン、キャシー・マクゴーワン、マリアンヌ・フェイスフル、ダスティ・スプリングフィールドなどのファッションモデル、テレビタレント、歌手に代表される、キュートで小悪魔的な女性像である。その外見上の特徴は、小柄で、胸が小さく、手足が細く長く、大きい瞳にアイラインやつけまつげなど、隣に住む女の子のような親近感と少女性にあった。洗練された大人の女性でも豊満でセクシーな肉体美でもなく、その対極にある活動的な身体性、少女のようなかわいらしさ、盛り場で遊び回るような享楽的な生き方が新鮮だったのである。

こうした女性像が時代のアイコンへと高まったのは、ツィギーことレスリー・ホーンズビーの登場が決定的だった（図6）。ツィギーは一五歳でデビューしているが、身長一六八センチ、体重四一キロという体型はモデルとしてかなり小柄なうえに痩せすぎており、「栄養失調」などと揶揄《やゆ》されながらも、瞬く間に各ファッション雑誌からオファーが殺到する。六五〜六七年には絶大な人気を誇り世界中のファッション雑誌に登場、六七年にはアメリカや日本を訪れて一大ブームを巻きおこすなど、スウィンギング・シックスティーズの世界的な流行に果たした役割は大きかった。ミニスカートはドリー・バード特有のスタイルとして広く認知されていく。

もっとも「ドリー・バード dolly bird」は六〇年代につくられた言葉ではない。一八〜一九世紀には身持ちの悪い女をさしていたものだったが、二〇世紀初頭よりかわいい若い女をさす意味になったものである。また女性のスタイルとしても、五〇年代にロンドンの若者風俗を描いた小説にはドリー・バードを想起させる服装やメイクがすでに登場しているという。[11] それが六〇年代になると、小悪魔風セクシュアリティやデカダンスが付与されるようになったのである。

チェルシー・ガールは一部の都会的で裕福なグループだったが、ドリー・バードは労働者階級も含めたより広範囲の女性たちに受け入れられていく。このイメージはイギリスという保守的な国家において消費文化が新しい女性像を築きあげつつあることを物語っていた。

マスマーケットとオートクチュール

スウィンギング・ロンドンとドリー・バードが世界に紹介されるにつれて、ミニスカートも国外に普及しはじめる。

イギリスではミニスカートの丈は六五年には膝上一五センチまで上がり、六六〜六七年にそのピークに達する。クアントは六一年にかなり短いミニを世に出していたが、それはもともと五八年に発表したサックドレスの丈がミニ化していった結果であった。このサックドレスは五七年にユベール・ド・ジヴァンシーが発表したデザインにもとづいていたという。

パリモードは創造性という観点から流行をリードし、既製服産業がそれに追随して一般向けの衣服を提供してきた。だがスウィンギング神話の普及によって、ロンドンが新しい流行の拠点として浮上する。もちろん六五年パリコレクションでクレージュがミニを発表したことは、幅広い年齢層の女性たちにもミニが受け入れられていく契機となったことは間違いないだろう。しかしクアントのミニは量産品であり、数量的にクレージュを圧倒していた。

クアントの視線は自分と同じストリートの少女たちに向けられていたため、量産化は自然な流れであった。彼女は六一年から自社ブランドの卸売りを開始していたが、六三年には縫製会社スタインバーグ社とともにジンジャー・グループを設立し、より手頃な値段の既製服の生産に乗り出している。さらに六六年には化粧品と下着にも進出、パンティストッキングはミニスカート・ブームによりヒット商品となった（図7）。

クアントたちは早い段階からアメリカに進出しており、アメリカのファッション業界から注目されたのも早かった。スーツケースふたつに作品を詰めて初めて渡米したクアントは、大手ファッション業界紙「ウィメンズ・ウエア・デイリー」にきわめて好意的な紹介記事を出してもらうことに成功している。この記事がきっかけとなって、「ライフ」誌や「ニューヨーク・ヘラルド・トリビューン」紙に取りあげられ、ティーン向け雑誌「セブンティーン」にも特集企画が組まれることになった。

六二年、クアントはアパレルチェーンのJ・C・ペニー社とアメリカのティーンエイジャー向け衣料のデザイン契約を結んだ。先のジンジャー・グループはアメリカ向けに既製服を生産するために設立されたのである。さらに六四年には、アメリカのピューリタンファッションズ社から「マリー・クアント」ブランドを売り出すことになる。ピューリタン社はティーン向けの高級ファッション市場を開拓するべく、クアントをプロモートすることにした。アメリカの既製服会社がデザイナーの名前を前面に出すことは当時でもなお多いことではなかった。

また、当時は家庭裁縫がまだ一般的におこなわれていたので、クアントは型紙会社バタリックからデザイン・パターンを出版し、一時は七万部も売り上げたという[12]。型紙から作られたミニスカートもけっして少なくなかったはずである。

他方、アンドレ・クレージュはオートクチュールの名匠バレンシアガのもとで一一年働いてきたキャリアの持ち主であり、一般大衆の手が届くような服をつくってきたのではなかった（バレンシアガは六八年プレタポルテ時代とともに引退している）。たしかにクレージュは時代の変化にあわせてより活動的な女性服を作ろうとした。しかし、彼の狙いは若々しくてスポーティなシルエットを成熟した女性のために創造することにあった（図8）。

上・図7
サッカーができるくらい活動的なクアントのミニ。少女風イメージ
下・図8
クレージュのつくる構築的なスタイル

「わたしがもたらしたのはひとつの建築学的な女性のシルエットで、それはとても背が低くて、ブーツを履いていて、とても若々しいものでした。（……）バスト、ウェスト、ヒップなどの締めつけから女性を解放するために、若々しくてモダンなシルエットを与えたかったのです。年輩の女性にも自分が若々しく感じられるようになってほしかったのです。なぜなら、それは、あるやり方で体型学的につくられた十八歳の女の子にも、四十歳の女性にも同じように似合う、きちっと構成された衣服だったからです」[13]。

このような発言からも、クレージュが富裕な顧客を念頭に置いていたことがわかる。彼が目指したことはあるシルエットに顧客の身体を構築することである。そのドレスは活動的に動き回っても、シルエットがまったく崩れないものであった。

こうして見るとクアントとクレージュの違いがはっきりする。クアントは六〇年代前半からはっきりとマスマーケットを志向し、ティーンエイジャー向けの量産ブランドという分野に力点をおいて活動していた。それに対してクレージュはパリモードという制度の内部にいた。彼がおこなった挑戦はオートクチュールという場所での主導権を奪取するゲームのルールに従うものだった[14]。クレージュの改革はあくまでもオートクチュール内部のものだったが、それは同時に身体の解放に向かう社会の大きな変化と一致していたので大きな注目を集めたのである。彼が既製服に進出したのは七〇年であり、クアントにくらべれば時期的には遅かった。

デザインとして見ると、クアントとクレージュはモダニズムのボキャブラリーを基本としていた点が共通する。余計な装飾をなるべく使わず、色もシンプルで、シルエットも直線的なラインを使う。ウエストラインをマークしないサックドレスは女性の体を束縛しない、空間にゆとりを持たせた開放性や構築性も感じさせる。ライクラなどの化学繊維、プラスティック、紙などの新素材に注目し、ファッションへと応用していったところも似ている。

このスタイルは身体のラインを幾何学的な直線へと還元する。その台形のシルエットはバストとヒップにふくらみを持たせウエストを絞る曲線的な身体像からはほど遠い。そこには女性身体のフェティシズムとは訣別し、成熟した女性らしさを拒否する美意識がある。シャネルはクレージュのことを「この男は女たちのからだを包み隠し、少女のようにすることで、女を破壊しようとしている」(15)と非難したというが、その批判はある意味で正鵠《せいこく》を得ていた。

クアントの服は既製服であり、優れた技巧が駆使されたオートクチュールと質的に比較できるものではない。しかし、クアントはもともとハイファッションのような「作品」を作るタイプのデザイナーではなかった。彼女はロンドンのストリートに生まれた身体にひとつの形式を与えようとしてきたのであり、それはオートクチュールとはまったく違う位相に生きていた若者たちのサブカルチャーに由来していた。チェルシー・ガールやドリー・バードは成熟した女性らしさを未成熟な少女性によって拒絶し、階級による序列化を攪乱《かくらん》した。それは消費社会が階級や世代に基盤を置く伝統的な社会のヒエラルキーを破壊していくのとパラレルな動きであった。

日本のミニブーム

日本におけるミニスカート・ブームは一九六五年ごろより始まり、六七年のツィギー来日によって決定的となる。始まった時期はロンドンやパリには若干遅れるが、欧米とほぼ同時期に流行している。これが団塊の世代を中心とする若者たちの躍進と結びついていることはいうまでもない。六六年のビートルズ来日には空港や武道館に少年少女たちがつめかけたが、「スウィンギング・シックスティーズ」は日本でも熱狂的に歓迎されたのである。

日本でもミニが流行したことは、国際的な戦後世代の意識の共通性、情報や消費のグローバルな流通が成立していたことが背景にあるが、日本の服装文化が転換期にあったこととも関係している。

日本の服飾史を見ても、この時期は家庭で軽衣料を裁縫する洋裁の時代から、既製服を購入するアパレルの時代への移行期にあたっている。戦後日本の女性の服装文化をリードしてきたのは、文化服装学院やドレスメーカー女学院に代表される洋裁学校であった。その数は四七年四〇〇校から、五五年には二七〇〇校、学生数五〇万人まで急増していたが[16]、五〇年代後半より学生数は減少へと転じ、七〇年を境に急落していく。その最大の原因は、百貨店やアパレルメーカーによる既製服が一般に浸透していったためであった。洋服はもはや作るものではなく、買うものになっていった。

五〇年代から六〇年代にかけて、繊維産業は合成繊維を販売するために大々的なキャンペーンを展開して流行を仕掛けていた。洋服が人々の生活にひとまず行き渡り、今度は商品の差異やデザインが問題になると、ファッションとしての最終的な完成度が問われるようになる。そこで繊維産業にかわって、マーケット細分化戦略や商品企画に秀でた百貨店や既製服会社が主導権を握るのである。

一般に粗悪なものとされていた既製服を普及させるためには、技術とサイズの問題を改善する必要があった。アメリカの生産技術の導入、標準体型の統計調査（通産省工業技術院「既製服等の寸法標準および寸法統一のための日本人体格調査三カ年計画」六四年発表）、工業用ボディの制作（三菱レイヨン工業用ボディ「三菱アミーカ」六五年、帝人既製服用ボディ「帝人フェアレディ」六六年）など、より身体にフィットする既製服の生産システムが整えられていったのはこの時期である。

日本でのミニスカートは、ロンドンやパリの流行を服飾産業が取り込むなかで普及していく。おそらく装飾の少ない、直線的なラインを特徴とするミニのスタイルは既製服化が比較的容易な衣料であった。既製服業界はミニスカートを新しい消費を喚起するための道具と見ていたようだ。ツィギーを日本に呼んだのは東洋レーヨンであったが、当時東レでこれを担当した遠入昇は渡欧して活況を呈するロンドンの風景を目の当たりにし、さらにビートルズ来日に触発されたことから彼女を招聘することにしたと証言している。[17]

レナウン、東京スタイル、イトキン、ワールドなどのアパレルメーカーは一九四〇年代終わりから五〇年代に設立され、六〇年代後半から七〇年代に急成長している。各社の売上げは六五年からの五年間に二～三倍、ワールドにいたっては九倍に増加したという。[18]レナウンは「ワンサカ娘」（六五年）、「イエイエ」（六七年）などのCMで、ポップな若者文化のイメージを最大限に活用した。

しかし、ミニスカートが一般に普及していく際に、洋裁文化も重要な役割を果たしていた。六〇年代は家庭裁縫の伝統もまだ根強く続いており、ミニスカートは家庭でもつくりやすいこと、つまり手持ちのスカートの丈を切るだけで簡単につくることができることも、ミニスカートが年齢・地域を超えて普及を見せた要因だったようである。

日本での女性たちのミニスカート評価は、身体の露出を自分の意思で決定することに解放感があったという意見とともに、少女的なスタイルに魅力が感じられたからというものがある。当時の男性週刊誌は足の露出に野次馬的な下心を抱く一方、性犯罪を誘発するとか、冷え性になるとか、出産が困難になるなど非難がましい視線を投げかけている。[19]しかし女性たちは異性を誘惑するというエロティックな意図より、既成の女性らしさを逸脱する身体イメージを見ていた。この時期に高校生で自らミニをはいていたという川本恵子はこう述べている。

「日本でもミニが爆発的に売れ出したのは、幼児服そのままの〝ベビールック〟がミニの代表的スタイルとして紹介され、未成熟さが売り物のスーパー・モデル、ツィギーが六七年に来日してからである。ミニは太い足、短い足の日本女性には似合わないといわれ続けたが、〝ベビールック〟は狭い肩幅、小さな袖、胸元で切り替えたギャザーなど、貧弱な上半身でこそにあうスタイルだった。大きい足、タイツにおおわれたぷっくりした足も幼児ルックではものをいった。成熟度よりもかわいさが女性のチャームになる日本で、幼児体型にピッタリのトップファッションがアッというまに広がったのも当然といえる[20]」。

こうしたイメージには、「チェルシー・ガールやドリー・バードにあったような不良性、自立性、性的解放などのニュアンスはほとんど脱落している。日本で人気になったツィギーも、シュリンプトンやフェイスフルなどのモデルや歌手にくらべると、かわいい以外にさしたる個性は感じられなかった。

サブカルチャーといえば、東京にも盛り場にたむろする若者グループがあり、五〇年代後半に太陽族、六〇年以降は六本木族、原宿族、みゆき族などが、メディアによって取り上げられている。とりわけ六本木族などは富裕な家庭の子弟やテレビ関係者、タレントや歌手、俳優などが含まれ、風俗としても欧米の流行をいち早く吸収していた。もっとも彼らは欧米の模倣をするのが精一杯であり、独自のスタイルを発信するにはいたっていない。かつてR&Bバンドであったビートルズがマッシュルームカットにして不良性を払拭することでアイドルグループとして一般に受け入れられたように、日本におけるミニスカートもサブカルチャーとしてではなく、一般向けの商品として消費されたのである。

一方、ミニスカートに代表される六〇年代の若者文化は、ファッションを自己表現ととらえる若いデザイナーたちの登場を促した。彼らの一部は企業に入るのではなく、原宿や青山のマンションの一室を借りて「マンションメーカー」を起業し、同世代に向けた衣服を作りはじめる。六一年に高田賢三、コシノジュンコ、金子功、松田光弘らが文化服装学院を卒業、六二年には三宅一生が多摩美術大学在学中に第一回コレクション発表、六七年に山本寛斎が、六九年に山本耀司がそれぞれ装苑賞を受賞している。鈴屋や西武百貨店渋谷店カプセルコーナーなどの新しいブティックが彼らの商品を積極的に販売した。

こうしたデザイナーが海外で活躍するようになるのは七〇年代以降のことであり、やがて八〇年代以降のDCブランドブームを牽引し、欧米のジャーナリストからも高い評価をうけるようになる。彼らはファッションの単なる衣料品ではない、表現手段としての可能性を追求していくのだが、このような発想の原点が六〇年代の若者文化に深く根ざしていたことは大いに注目していいだろう。

ミニスカートとはなんだったのか

ミニスカートは隠されていた脚を露出させることで、身体に課されていた社会道徳から女性を自由にしたといわれているが、それは性の解放を謳った時代の気分と結びつけられたところがあった。クアント自身インタビューに答えて、ミニスカートは「女の性の中心に視線を向けさせるモード」と発言しているが、(21)デザイナーはよく後づけの理屈をいうので、はたしてそのような意図があったのかどうか、本当のところはよくわからない。

ミニスカートをデザインと身体性の観点から服飾史のなかに位置づけてみよう。

六〇年代のミニスカートはウエストラインを腰のあたりまで下げる台形的なシルエットを特徴とする。ミニドレスにベルトをするときもヒップハングの位置まで下げることが多い。これはバスト・ウエスト・ヒップによる体型のシルエットを無視し、女性の身体に新しいラインを与える。それは女性の肉体の曲線美を無視するのである。

この動きは二〇世紀初頭より進行していた大きな流れである。一九二〇年代、モダンガールは装飾性をとりさった直線的なラインのドレスを着たが、そのスカートの丈は膝下まで上がっていく。戦後のニュールックによりふたたび曲線的なラインが流行するが、ディオールがHラインを発表して直線的なラインを復活させたように、五〇年代にはいるとパリモードもストレートなラインを再発見していく。こうしたシルエットには二〇世紀ファッションにおけるモダニズムの一貫した影響が見られる。ミニスカートはモダニズムを継承するものであった。

一方、ミニスカートは女性の足を自由にすることで、活動的な身体性を与えたといわれる。スカートのなかが見えてしまうことにたいして、パンティストッキングの流行、足を意識したふるまい、身体の美意識の変化などがそれに付随して発生した。

日向あき子はミニの触覚性に注目している。

「ミニスカートによっておこされた革命は、みせるための衣服、着かざり、おおうための衣服ではなく、衣服を皮膚の延長あるいは拡大された肉体としたことにある。もちろんミニスカートには視覚的な要素も十分にある。だが、それ以上に、身体の動きの自由な軽さと触覚性・内発性を加えた。人体の構造や動きを主体とした六〇年代の彫刻的・構築的なスタイルも当然そこからきたものだろうし、ミニがほとんど全世界的な現象となった原因もそこにあるだろう。日本でさえ、よほどの年寄りでないかぎり、ミニスカートを持たない女性は一人もいないというような一時期さえあった[22]」。

衣服が皮膚の延長であるというのは六〇年代に流行したマーシャル・マクルーハンの理論である。マクルーハンは『メディア論』（一九六四年）などの著作において、メディアを身体の拡張ととらえる議論を展開し、メディアは周囲の環境を変えることで人間の感覚を変化させると主張した。マクルーハンによると、本が眼の延長であり電気回路が中枢神経の延長であるように、衣服は皮膚の延長なのである。彼はテレビに代表される新しいメディアは活字を中心とした視覚文化ではない、全感覚的な文化を生み出すと予言していた。日向のいうように、その説によればミニスカートという「メディア」も身体に新しい感覚を呼びさまし、社会的変化を引き起こすことになる。

しかし衣服を皮膚の拡張と見なすと、あらゆる衣服は必然的に触覚体験をともなうものであり、たとえばミニスカートとロングスカートの違いは刺激の多寡の問題となる。より多く皮膚を露出することは本人ならびに周囲に身体性やセックスを強く意識させたかもしれない。だがすでに述べたように、それは六〇年代に始まった現象ではないのである。それに加えて、ミニスカートは女性たちにすらりと伸びた足の美しさや下半身の無防備さを視覚的に意識させることになる。逆説的なことだが、女性たちはそれまで考えなくてもよかった足の美しさにも配慮しなければならなくなったのだ。

衣服が身体を変えることもあるが、多くの場合、衣服もまた社会の諸条件のもとで受容されていくものでもある。二〇世紀はコルセットを破棄したが、それが女性解放を引き起こしたわけではない。むしろ社会の変化によって、女性がコルセットをしないですむような価値観や身体技法が生まれたと考えるほうが自然だろう。

ミニスカートはつくりやすく流行しやすいデザインであった。それは日本でも洋裁文化から既製服産業へと移行していく端境期にあって、その両方をたくみに巻きこんでいった。それはファッションのさらなる大衆化を促進したといえる。

服飾産業はこの時期「ファッション」ということばを再定義するように迫られている。これは消費者が衣料品を購入する動機が必要性ではなく、イメージやデザインなどの付加価値に移行してきたという状況認識があったからだ。これからのモノの価値は実用性や機能性よりも付加価値にあり、デザインやトレンドという情報を操作することがなにより重要になっていくという議論である。日本でもさかんに「ファッションビジネス」論が展開されたが、それは商品が氾濫する時代が到来したからでもあった。

これはモノが実用的な価値ではなく記号的な価値によって消費されるようになり、記号が社会全体を覆うようになるという、ギー・ドゥボール『スペクタクルの社会』（一九六七年）やジャン・ボードリヤール『消費社会の神話と構造』（一九七〇年）などの社会分析と意識を同じくしていたといえよう。大量生産・大量消費が飽和点に達し、流行という現象が社会全域に遍在していこうとするときにミニスカートは登場したのだ。

ミニスカートは消費社会を身体化することで、女性たちにそれまでの社会秩序に対峙《たいじ》する主体化をもたらした。それによって服装は自分が所属する階級や社会集団ではなく、世代や自己のアイデンティティを表現するものへと変化した。しかし結局のところ、それは自らの身体を消費社会の論理の中に組み込むことにほかならなかった。六〇年代後半以降になると、ヒッピーのような反社会的なサブカルチャーのスタイルでさえもすぐにファッションとして消費されてしまう状況が生まれていく。ミニスカート・ブームは解放や反抗もまたひとつの記号として消費されてしまう時代の幕開けを告げていたのかもしれない。

※注

(1) マリー・クワント『マリー・クワント自伝』鎌倉書房、一九六九年、三九〜四〇頁。
(2) クワント、前掲書、五一頁。
(3) キャサリン・マクダーモット『モダン・デザインのすべて　A to Z』スカイドア、一九九六年、三七頁。
(4) クワント、前掲書、八四頁。
(5) Christopher Breward, "Fashioning London," Oxford and New York, Berg, 2004, p. 154.
(6) ジョン・サベージ『イギリス「族」物語』毎日新聞社、一九九九年、五五〜七三頁。
(7) Breward, ibid., p. 166.
(8) Christopher Breward, David Gilbert and Jenny Lister, "Swinging Sixties," London, V&A Publications, 2006, p. 9.
(9) Breward, ibid., p. 165.
(10) Breward, ibid., p. 165.
(11) Breward, ibid., p. 168.
(12) Marnie Fogg, "Boutique," London, Mitchell Beazley, 2003, p. 141.
(13) E・ルモワーヌ＝ルッチオーニ『衣服の精神分析』産業図書、一九九三年、一九二頁。
(14) ピエール・ブルデュー『社会学の社会学』藤原書店、一九九一年、二五一〜六四頁を参照。
(15) Valerie Guillaume, "Courrèges," London, Thames and Hudson, 1998, p. 16.
(16) 林邦雄『ファッションの現代史』冬樹社、一九六九年、三三頁。
(17) 大内順子・田島由利子『20世紀日本のファッション』源流社、一九九六年、四一五頁。
(18) 千村典生『戦後ファッションストーリー』平凡社、一九八九年、一四三〜五頁。
(19) アクロス編集室編『ストリートファッション1945-1995』パルコ出版、一九九五年、一〇九頁。
(20) 川本恵子『ファッション主義』筑摩書房、一九八六年、二四頁。
(21) 川本、前掲書、二四頁。
(22) 日向あき子『視覚文化』紀伊國屋書店、一九七八年、一〇一頁。

※図版出典
1、3、5、7、Marnie Fogg, "Boutique," London, Mitchell Beazley, 2003.
2、6、Christopher Breward, David Gilbert and Jenny Lister, "Swinging Sixties," London, V&A Publications, 2006.
4、Valerie Steele, "Women of Fashion," New York, Rizzoli, 1991.
8、Valerie Guillaume, "Courrèges," London, Thames and Hudson, 1998.

第8章　ヴィヴィアン・ウエストウッド　記号論的ゲリラ闘争

ロンドンは燃えている

一九七五年、ロンドンにひとつのロックバンドが誕生した。

金切り声をあげるヴォーカル、荒々しく疾走する演奏、洗練や情感とはほど遠い楽曲。歌の内容はバンド名から連想される（かもしれない）セクシュアルなものではなく、体制への悪罵がヒステリックに連呼されているような代物である。

しかし彼らの挑発的なパフォーマンスは若者たちを激しく興奮させ、ライブハウスやカレッジでギグを重ねるうちに、一部の熱い支持を集めるようになる。たまたま出演したトーク番組でふてぶてしく放送禁止用語を連呼したのが生放映されて、視聴者からの苦情が殺到、全国で抗議運動がおこなわれた。ヒットソング「ゴッド・セイブ・ザ・クイーン」は放送禁止になり、ヒットチャートの曲名を黒く塗りつぶされながら第一位を獲得する。やがて彼らに倣って無数のバンドが登場し、ひとつのムーブメントをつくりあげていく。このバンド、セックス・ピストルズはパンクという七〇年代以降の若者文化においてもっとも衝撃的なスタイルを生みだした張本人となった。

ピストルズのなにがそれほど人々にアピールしたのだろう。

彼らの活動はとても短かった。七六年「アナーキー・イン・ザ・UK」でシングルデビュー、七七年アルバム『勝手にしやがれ』発売、そして七八年一月のアメリカツアー中に解散。ほぼ三年足らずの活動である。サウンドにしてもニューヨークのパンクロックを受け継いだシンプルなものだったし、王室や権威への敵意をむき出しにして当局を刺激した歌詞にしても若者らしい反抗心を吐露したものでしかない。

ピストルズが火をつけたパンク・ムーブメントは七〇年代の社会状況と深く関係していた。当時のイギリスは重苦しい経済不況のもとにあり、インフレと失業率は上昇、都市は荒れ果て、生活水準も著しく低下していく。伝統的な地域文化・労働者文化の崩壊、政治への失望から、若者のなかにはカリブ系やパキスタン系の移民への人種差別にむかうものもいた。そのうえ七六年夏は異常気象による熱波がイギリスを襲い、不穏な空気をいやがうえにも高めていたのである。こうした状況をもろに受けとめたのが、仕事もなく将来の見通しもない労働者階級出身の若者たちであった。彼らは六〇年代ヒッピーの楽天主義や中流社会の事なかれ主義に反発し、怒りと欲求不満を解消するはけ口を求めていたのである。

パンクはこうした若者たちのもやもやを見事なまでに形にしていた。粗削りで攻撃的なロック、ひき裂かれたファッション、ぴょんぴょん飛び跳ねるポゴダンス、アンダーグラウンドなビジュアルイメージ、手作りのファンジン……。いずれも若者たちが手を染めるのにたいした資金も技術も努力も必要なく、容易にこの文化の一部になれるというDIY的なものであった(1)。そして実際に彼らはそこに飛びこんでいったのだ。

ピストルズは権威につばを吐きかけ、大人を軽蔑し、観客を煽動することで、世間からの注目を集め、退屈で無気力な社会に強引に介入し、ひとつの「状況」をつくりだそうとした。彼らの背後にいて操作していた(ときには一緒に騒ぎに油を注いでいた)仕掛け人がマルコム・マクラレンやジェイミー・リード、そしてヴィヴィアン・ウエストウッドである。彼らはメディアをつかった戦略によって、ピストルズを時代を代弁する現代の預言者として演出した。ピストルズ騒動はある程度まで仕組まれたものだった。

ヴィヴィアンとマルコム

セックス・ピストルズはあるブティックにたむろしていた青年たちをかき集めたバンドであった。その店名は「セックス」。この店の経営者であり、パンクの生みの親となったのがヴィヴィアン・ウエストウッドとマルコム・マクラレンである(図1)。

ヴィヴィアン・イザベラ・スウェアは一九四一年イングランド中部チェシャー州の小さな村ティントウィッスルに生まれた。両親は労働者階級で、生まれたころは戦争中であり暮らしは楽ではなかった。しかしヴィヴィアンは本が好きな想像力に富んだ少女として不自由なく健康に成長する。五七年父が失業したのをきっかけに、一家は親戚を頼ってロンドン西北部ハーロウに移転。一時はアーティストを志すものの堅実なヴィヴィアンは教員養成学校に通い、小学校教師の職を得た。そんな日々のなかで彼女はダンスホールでハンサムな青年デレク・ウエストウッドと出会う。彼は航空会社の客室乗務員であった。恋に落ちた彼らは結婚し一子をもうけている。

しかし結婚生活を送りながらもヴィヴィアンは心のなかに満たされない思いを抱えていた。若者たちが時代を大きく変えていた六〇年代、ロンドンでは面白いことがおこっているではないか。新しい刺激への渇きや未知の世界への憧れが若い彼女を突き動かした。退屈な郊外の生活に飽き足りなくなっていた彼女は夫を残してハーロウから出奔する。六五年、ロンドンの映画学校で学んでいた弟ゴードンのアパートに転がりこんだヴィヴィアンはそこでマルコムに出会うことになる（デレクとは六六年に離婚）。

マルコム・マクラレンは一九四五年ロンドン北東部ストーク・ニューイントンの中流

上・図1
マルコム・マクラレンとヴィヴィアン・ウエストウッド
下・図2
ボンデージジャケットとTシャツ。コラージュが特徴

階級の出身である。ヴィヴィアンと出会ったころ、彼はあちこちの美術学校を出たり入ったりしていた（かつてイギリスは学生に学費や生活費を援助したので、ボヘミアン気取りの若者たちは美術学校を転々とするのが習いであった。英国のロックミュージシャンに美術学校出身者が多いのはそのせいである）。彼らは一緒に住むようになり、のちには子どもも生まれるが、ふたりは仲むつまじい恋人同士というより、息子とその世話をする母のような関係だったという。(2) 女系家庭に育ったマルコムにとってヴィヴィアンは祖母や母の支配から逃れる機会とはなったものの、この関係に責任感などはいっさい持っていなかった。夢想家肌のマクラレンにたいしてウエストウッドは強い野心を秘めた努力家タイプだったため、彼らはある意味でバランスのとれたカップルだったといえる。

マクラレンは美術学校に学ぶうち前衛芸術に関心を持つようになっていた。彼が惹かれていたのはダダやフルクサスのようなハプニングやパフォーマンス、メディアアートであり、シチュアシオニスト・インターナショナルという前衛芸術運動である。実際にイギリスのシチュアシオニストシンパのグループ、キング・モブのハプニングに参加したこともある。それはサンタクロースの扮装をして百貨店で子どもたちにおもちゃをバラ撒くというものだった。(3) キング・モブは社会に新しい「状況」をつくり出すことを唱えてパリ五月革命に影響を与えたとされるシチュアシオニスト・インターナショナルに共鳴する芸術家たちが組織したグループだったが、マクラレンは直接のメンバーではなく周辺のひとりにすぎなかった。彼がクロイドンの美術学校にいたときの友人で、ピストルズのアルバム『勝手にしやがれ』のジャケットをデザインしたジェイミー・リードもまたシチュアシオニストから影響を受けた一人である。

ウエストウッドはマクラレンや弟のグループから芸術について学んでいったようだ。マクラレンはシチュアシオニストに影響されて映画を撮ったりしていたが、都市を舞台にしたハプニングをやってみたかったし、音楽業界にも関心があった。

ボヘミアンも生活のためには働かなければならない。彼らはロンドンのフリーマーケットで中古レコードや古着を売ったり、ウエストウッドがつくった服を売ることにする。マクラレンは五〇年代ロックンロールのファンだったので、このジャンルのレコードをたくさん集めていた。六〇年代後半のヒッピーを蔑視するマクラレンは五〇年代イギリスのサブカルチャーであるテディ・ボーイがお気に入りで、そのスタイルを身につけていた。テディ・ボーイとは戦後に出現した労働者階級の若者グループで、リーゼントのヘアスタイルにロングジャケットを着るような英国の伝統とアメリカの大衆文化を折衷した不良じみたファッションを特徴としていた。(4)裁縫のできるウエストウッドはマクラレンにいわれてテッズ・ファッションをつくった。このころフィフティーズがリバイバルしており、この路線は商業的に成功する。

彼らはビジネスがうまくいったことから自分たちのショップを持つことを計画し、チェルシーのキングス・ロードに目をつける。かつてマリー・クアントのバザーがありトレンドの発信地であったこのエリアも不況になってすっかり荒《すさ》んでしまっていた。七一年キングス・ロード四三〇番地にあった店を拠点にして、ふたりは音楽とファッションをテーマにしたブティックをつくるというアイデアを具体化したのである。この四三〇番地は「ハング・オン・ユー」(一九六七年)、「ミスター・フリーダム」(一九六九年)、「パラダイス・ガレージ」(一九七〇年)などのブティックが次々に開店した伝説の場所であった。(5)

マルコムとヴィヴィアンは新しいアイデアを思いつくと、ショップの名前と内装をそのつど更新していく。はじめはロックンロールとテディ・ボーイをリバイバルした「レット・イット・ロック」、七三年にハードロックやバイカーをテーマにした「トゥー・ファスト・トゥ・リブ、トゥー・ヤング・トゥ・ダイ」、さらに七四年ラバーウエアやフェティシュ商品を前面に出した「セックス」へと変わる。セックスでは実際にSM行為に使われるウエアやギアが売られ、ショップの外観もポルノショップ風に装飾されたので、実際にその趣味の人々が商品を求めて来店したという。いずれのテーマも権威や既成の価値観に反抗する若者文化やサブカルチャーをベースにするものだった。「セックス」の発想はアンダーグラウンドな異端文化をファッションへともちこむことであった。彼らはTシャツのプリントに、ゲイポルノ、女性の乳房、全裸の少年がたばこを吸っている写真、連続少年少女殺人犯マイラ・ヒンドレーの肖像、ケンブリッジ強姦魔のマスク、逆さになったキリストの十字架とナチスのハーケンクロイツなど、過激な画像を描いて販売した。セックスのTシャツを身につけた少年は実際に警察官に逮捕され、マクラレンらは猥褻《わいせつ》物陳列罪に問われている。

もうひとつ有名なのがボンデージスーツである。これは刑務所や精神病院で囚人や病人が暴れないようにするための拘束服をモチーフにして、いろんな色に染めたり、「アナーキストだけがかっこいい」などのメッセージをいれたものである（図２）。これもやはり反社会的なイメージを想起させることが最大の目的となっている。

こうしたエキセントリックなアイデアはマクラレンが発案することが多く、それを服の形にするのがウエストウッドの役割であった。彼女はマルコムをはじめとする周囲の人々とともに権威に反抗するために世間を挑発するスタイルをつくりあげていく。

ブティックは多くの青少年を惹きつけた。彼らはそこに危険な雰囲気を嗅ぎとったのである。ロックビジネスへの野心があったマクラレンはセックスにたむろする若者たちを集めてセックス・ピストルズを結成し、自らはマネージャーとなる。彼らのステージ衣装はもちろんセックスの商品であった。七三年ごろマクラレンはニューヨークから登場したパンクロックに熱中し、バンドのひとつニューヨーク・ドールズのプロモーションを手がけたりしていた。ピストルズはロック好きの彼にとって長年の夢だったのである。

セックス・ピストルズによりパンク・ムーブメントが盛りあがると、七六年に店は「セディショナリーズ」という名前に変更され、より混沌としたアナーキズムを強調するようになった。ブティックのインテリアには第二次世界大戦中に爆撃され廃墟となったドレスデンの街と上下が逆さまになったピカデリー・サーカスの大きく引き延ばされた写真が貼られた(6)。

しかしパンク・ムーブメントは彼らの思惑をはるかに超えた規模と速度で暴走し、コントロール不可能な怪物へと成長してしまった。世間を挑発し苛立たせるマクラレンの戦略は当事者たちをも過酷な状況に追いやり、バンドのメンバーはどこへ行っても怒号を浴びせられ暴力沙汰に巻きこまれる。七七年エリザベス女王在位二五周年記念の日にテムズ河に浮かべたボートでピストルズのギグをしたときは、メンバー以外のマクラレンやウエストウッドも警察に逮捕される大事件に発展した。マクラレンのやり方に嫌気がさしたヴォーカルのジョニー・ロットンは全米ツアー中に突然グループを脱退、ピストルズは空中分解してしまうのである。あとに残ったのは疲労と憎悪、そして自分たちがつくり出した神話であった。セックス・ピストルズはその伝説とともに永遠に消費されることになる。

記号論的ゲリラ闘争

パンクファッションはこの運動の精神を視覚的に表現したものだったが、これはひとつのサブカルチャーのスタイルであると同時に、それまでのファッションの常識を打ち壊す前例のない特徴を有していた。

典型的なパンクのファッションはこのようなものだ。国旗や女王の肖像を引き裂いたコラージュやゲイポルノが描かれたTシャツ、無政府主義を称えるメッセージが書きなぐられたジャケット、安全ピンやスタッズやバッジがつけられた上着、ナチスの鉤《かぎ》十字や記章、拘束用ストラップのついたボンデージスーツ、タータンチェック柄のボンデージパンツ、ロッカー風の革ジャン、革パンツ、赤や黒やピンクに染められたモヘアのセーター、アクセサリーとしてのチェーンやコンドーム、脱色したり染めてツンツンに立てるヘアスタイル、前衛芸術のパフォーマンスのように作為的なメイク……（図3）。

こうしたアイテムを無秩序に身につけることによって、身体はおそろしく凶悪なものへと変化する。これらは歴史上の雑多な下位集団《サブカルチャー》のシンボルをランダムにかき集めたものであった。テディ・ボーイやロッカーズのような不良少年グループ、同性愛などの性的マイノリティ（イギリスでは同性愛は長らく犯罪であった）、SMやフェティシズムなどの性倒錯、アナーキストやナチスのような過激な政治組織。いずれも英国社会の常

上・図3
アンチヒーローを演じる、セックス・ピストルズ
下・図4
パンク女性はジェンダーのステレオタイプに反逆する

識的基準からすれば反社会的な逸脱集団である。ここで注意しなければならないのは、セックス・ピストルズや周囲の人々が実際にこうしたグループの一員であったり、その政治思想に共感していたわけではなかったことである。事実はむしろ正反対だった。彼らは過去のさまざまな文化から反逆、暴力、悪、死、逸脱のシンボルを選択し、記号として恣意的にコラージュしたのだ。それは中流社会と対立する反社会的な存在であることの自己表現なのである。

それは自分を美しくきれいに見えないようにするためのスタイルであった。通常ファッションは美しく装ったり、かっこよく見せるためにまとわれる。流行とは時代の美意識に自分を近づけるための規範のひとつにほかならない。しかしパンクの美学はそれとは正反対のメッセージを投げかけていた。これまでもアメリカ発ではあるが一九五〇年代のビートニクス、六〇年代のヒッピーなど、大人社会に反旗を翻すカウンターカルチャーのスタイルはあった。パンクはこれらの反体制の価値観を演劇的なまでに誇張し、自分たち自身をスペクタクル（＝見世物）に変えることを第一の目的としたのである（八〇年代以降、パンクファッションは流行として何度もリバイバルしている。しかし後のデザイナーたちによって引用されたパンクはもはやひとつの記号でしかなく、社会を挑発するような破壊力を失っている。したがってリバイバルされたパンクには社会を揺るがせるような強度は見あたらない）。

ディック・ヘブディジは英国の若者文化を分析して、サブカルチャーのスタイルを

「記号論的なゲリラ闘争」として読み解いているが、それがもっともあてはまるのがパンクである。記号論的ゲリラ戦とはスタイルによる既成価値への反抗を意味する。(7)これはマルコム・マクラレンやジェイミー・リードがかつて傾倒していたシチュアシオニストの運動と無関係ではない。

シチュアシオニスト・インターナショナル（SI）はもともとふたつの前衛芸術グループ、イマジニスト・バウハウスとレトリスト・インターナショナルが統合する形で、一九五七年にイタリアで結成された国際的な芸術集団としてはじまった。(8)イマジニスト・バウハウスはもともとコブラから分裂したグループであり、コブラもレトリストもその源流はシュルレアリスムにある。芸術と日常生活の境界を崩し、ブルジョワ社会を転覆させたいという欲望をシュルレアリスムから受け継いだSIは、アンドレ・ブルトンがフロイトの無意識の理論に傾倒していったのとは逆に、マルクス主義的な政治的変革のプログラムを追求していくことになる。グループ内で集合離散、脱退、除名を繰り返すうちに、当初の芸術色は稀薄になり、資本主義批判と世界変革への旗幟《きし》をより鮮明にした戦闘的な左翼グループへと発展していった。

SIの思想的な支柱となったのはフランスの思想家で映像作家のギー・ドゥボールである。その著書『スペクタクルの社会』は、現代の資本主義社会は人間をものを所有するだけの存在にしてしまうこと、都市空間がスペクタクル（＝見世物）として消費されている現状を告発する書であった。それに対抗するためにシチュアシオニストの活動家たちは都市環境から生を取りもどし、ふたたび「状況」を構築するようなパフォーマンスをおこなっている。その手段として既存の都市に新たな意味や名前を与える「心理地理学」、目的なく都市を移動する「漂流」、都市やものの本来の意味をずらす「転用」などが提出された[9]。こうした方法論はシュルレアリスムのコラージュやデペイズマンから影響を受けたものだ。

パンクのスタイルは国旗、女王、タータンチェックなど英国の伝統的な文化アイコンをコラージュしながら、その意味を流用し、ずらし、反転させることで、もともとの文化の価値を嘲笑する。あるいは社会の表面から注意深く隠蔽されていたサブカルチャーをあからさまなファッションとする「転用」の手法によって、社会に激しい揺さぶりをかけたのである。とりわけパンク少女は伝統的な女性らしさを徹底的に破壊するイメージによって、その虚構性を暴露した（図4）。

マクラレンやウエストウッドがシチュアシオニストの理念をどこまで真剣に追求しようとしていたかは疑わしい（のちにセックス・ピストルズのジョニー・ロットンは自分にはそのような高尚な意図はなかったと述懐している）[10]。むしろ彼らが目指していたのは世間を騒がせ、メディアの注目を集めることで、自分たちの存在を誇示することではなかっただろうか。そしてそれにはかなりの程度成功したのである。

パンクファッションは過去の文化をカットアップしコラージュするが、それは文化を既存の歴史的文脈から切り離して自由に組み合わせる、ある種ポストモダン的な記号操作に近い。ロラン・バルトは、イデオロギーの働きを人工的にねつ造された歴史の起源を隠蔽し自然なもの（＝神話）として提示することと述べている。(11)パンクのスタイルはむしろ不自然さを強調したイメージによって、中流階級のイデオロギーの偽善性を際立たせる。マーケットに氾濫する既製品や大量生産品を拒否することと。すべてを等価なものとして距離を置くポストモダンとは異なり、パンクは過去の文化を切り裂くことによる挑発をもくろんでいた。

ヘブディジの考察によれば、パンク・スタイルのメッセージは「否定すること」である。(12)それぞれがネガティブな含意をもつ記号を蓄積することによって、結果的にはあれやこれやの否定ではない、否定性そのものが現出する。パンクのスタイルは特定の欲求や主義を唱えるのではなく、既存の文脈を破壊するためだけの空虚なもの、否定のシニフィアンなのだった。このスタイルが国境や時代を超えて、さまざまな国や時代の若者に反逆のシンボルとして受け入れられているのはこの絶対的な否定性ゆえである。

パンク・ムーブメントはマクラレンら一部の仕掛人たちによってのみつくられたのではなく、不特定多数の若者たちがかかわっていた。したがって、そのスタイルの作者もまた特定のだれかに帰するべきではないが、マクラレンとウエストウッドの果たした役割はけっして小さくはなかった。彼らのブティック「セックス」こそがセックス・ピストルズにもっとも鮮烈な外見を与えたからである（もっとも活動するうちにバンドのメンバーは次第に自分勝手な服を着るようになっていたが）。

とそれと意識していたかどうかは定かではないが、彼らはパンクのスタイルをつくることを通して、衣服という日用品を社会批判のメディアとして活用したのであった。それは自分を美しく、正しく見せるというファッションのあり方が一八〇度反転した瞬間である。ファッションは批判的言説となったのである。

ヒッピーからレトロへ

マクラレンやウエストウッドのスタイルは一九七〇年代の社会とファッションの流れと連動するものでもあった。

パンクはイギリスの不況から生まれた産物であったが、当時は世界経済に停滞感が漂っていた時期である。おそらくその要因のひとつは七三年の第四次中東戦争をきっかけとしたオイル危機により戦後の経済成長に終止符が打たれたことだった。経済発展のつけである環境破壊や資源枯渇が深刻な問題となり、ローマ・クラブが「成長の限界」を発表するなど、近代の成長至上主義の枠組みが問われることになる。

六〇年代後半の最大のサブカルチャーであったヒッピーも西洋近代への疑問をひとつの出発点としていた。彼らは「ラブ・アンド・ピース」の理想を掲げ、ドラッグやサイケデリックなどの対抗文化を生みだし、ロングヘア、フォークロア、ジーンズというスタイルを流行させる。この服装には西洋近代へのアンチテーゼが込められていた。アメリカのサンフランシスコを震源地としたこのムーブメントは世界中に広がっていく。

しかし七〇年代にはそのエネルギーも沈静し、若者たちは社会へのコミットメントから後退していく。その理由のひとつにヒッピー文化が破綻していったことがあげられる。ベトナム戦争は終わりの見えない泥沼に陥っていたし、学生運動は大衆性を失ってセクトによる過激闘争に走り、ハイジャックやテロが各地で頻発した。セックス、ドラッグ、ロックンロールの対抗文化も多くの担い手が麻薬中毒などで世を去り下火になっていく。六九年にはローリング・ストーンズのコンサートでヘルス・エンジェルズが黒人青年を刺殺した「オルタモントの悲劇」、狂信集団と化したヒッピーたちがハリウッド女優を惨殺した「シャロン・テート事件」などの陰惨な事件が相次ぎ、六〇年代の理想は急速に色あせてしまったのだ。

ベビーブーマーたちは髪を切って中流社会の一員になり、身の回りの世界にしか関心を向けないようになっていく。彼らは消費中心の生活にどっぷりと浸った。パンクが嫌悪したのは彼らのそういう日和見《ひよりみ》主義だったのだ。

理想の女性像も六〇年代から大きく変わった。自然志向や環境問題への関心はダイエットやエクササイズなどからだを鍛える健康ブームにつながり、その影響もあってセクシーで引き締まったからだが求められるようになった。時代が求める女性身体もツイギーのような少女っぽさではなく、テレビドラマ『チャーリーズ・エンジェル』のファラ・フォーセットのような成熟した大人らしさへと移っていく。またウーマンリブの影響もあって、見られるためのかわいい女性ではなく自意識をもった強い女性がメディアにも登場することとなった。

戦後社会が目指していた「輝かしい未来」の実像が明らかになると、新しいものをつくるより失われてしまった素朴な民族文化や近過去への郷愁に駆られる風潮となり、フォークロア・ブームやレトロ・ブームが一世を風靡する。映画では『俺たちに明日はない』（一九六七年）あたりを皮切りに、『ボーイフレンド』（七一年）、『キャバレー』（七二年）、『スティング』（七三年）、『華麗なるギャッビー』（七四年）など、二〇世紀前半を舞台にした作品がヒットしている⑬。

ファッションでも一九二〇～三〇年代の風俗が郷愁をこめてリバイバルされた。クロエのカール・ラガーフェルドは七二年アールデコ調のコレクションを発表しているし、バーバラ・フラニッキは七三年ロンドンにアールデコ調インテリアのブティック「ビッグビバ」をオープンしている。

この時代のファッションをリードしたのは若手デザイナーの既製服ブランドである。パリではイヴ・サンローラン、ソニア・リキエル、ラガーフェルド、高田賢三、アニエス・ベーらが瑞々しい感性でプレタポルテを牽引するようになっていた。既製服の時代になると、各国からさまざまな価値観をもったデザイナーが登場してくる。各国のファッション産業もパリの権威を絶対視するかわりに自国の才能に目を向けるようになっていた。

この時代に勢力を拡大したのがアメリカやイタリアのファッション産業である。両国はこれまでも優れた人材を輩出してきたが、七〇年代には市場の求めているものを敏感に察知する経営センスのあるデザイナーが出現する。ニューヨークのラルフ・ローレン、カルバン・クライン、ミラノのジョルジオ・アルマーニなどである。彼らはスポーツウエアの分野で、華美な装飾を避けたデザイン、日常の使いやすさを意識した品揃え、効果的なマーケティング戦略などにより、幅広い消費者の支持を得ていく。

それを代表する存在がラルフ・ローレンである。彼はネクタイのセールスマンから身をおこし、六八年紳士服ブランド「ポロ」を設立、さらに七一年婦人服に進出、七二年にはより安価なブランド「チャップス」を立ち上げている。ローレンが最初に注目されたのはローリング・トゥエンティーズを彷彿《ほうふつ》させるファッションが当時の懐古的心情に合致したからであった。ローレンは『ギャツビー』のロバート・レッドフォードのために二〇年代のスタイルを鮮やかに復活させて一躍脚光を浴びている（図5）。

ローレンの婦人服は紳士服のシンプルさと機能性をベースにしたユニセックス志向で、

上・図5
ラルフ・ローレンは1920年代のファッションをリバイバルさせた
下・図6
後期ウエストウッドによるミニスカート＋クリノリン＝ミニクリニ

キャリアウーマンが社会進出する時代風潮に合っていた。ウディ・アレンの映画『アニー・ホール』（七七年）でダイアン・キートンは重ね着にネクタイというスタイルでローレンを着こなし、ニューヨークの開放的なインテリ女性というヒロイン像を見事に演じている。このスタイルは大流行し、世界中でコピーされた(14)。

ラルフ・ローレンの方法論は中流階級が憧れる上流階級のライフスタイルを形にして、そのワードローブをつくりだすというアプローチである。もちろん個々のアイテムは時代のトレンドに合わせたデザインが加えられているが、しかしラルフの世界が人々にアピールするのはひとつの生活様式なのだ。ブランドの広告にはエリートらしき美しい男女がタキシードを着てパーティに出かけたり、カジュアルウエアを着て別荘でくつろいだりするイメージが描かれ、豊かさへの憧れをかきたてる。ラルフ・ローレンのブティックの内装も富裕層の自邸や別荘を想起するようなデザインがなされた。艶光りする重厚な木目調、額装されたポートレイト、片隅にはアウトドアスポーツの道具。顧客は上流階級の邸宅に足を踏み入れた気分になり、心地よく消費意欲をそそられる。

そのようなアメリカの伝統のイメージがそもそも実在するのかどうかは問題ではない。あらゆるマーケティング戦略を動員してこの世界にリアリティを与えればいいのだ。ポロというブランド名も英国貴族・上流階級を連想させるという理由からつけられた。ローレン自身は東欧系ユダヤ人の中流家庭の出身であり、アメリカの支配階級ＷＡＳＰ（ホワイト・アングロサクソン・プロテスタント）への憧憬は彼自身の欲望でもあった(15)。

ラルフ・ローレンは服づくりの専門教育を受けておらず、ブランドのディレクターとしてひとつのライフスタイルを独学でつくりあげた人物である。過去のスタイルを引用したり編集したりすることが彼の手法であった。ローレンのファッションはデザインにおいても消費のされ方においても中流化・保守化する社会に適っていたのである。こうした服づくりの方法論はそれ以降ファッション産業の大きな流れとなっていく。

ゴッド・セイブ・ザ・クイーン

一九七〇年代末より、ヴィヴィアン・ウエストウッドは社会を攻撃する過激さから遠ざかっていく。彼女もまたパンクの騒動を続けていくことに限界を感じていた。権威を嘲笑し伝統を引き裂いたサブカルチャーの女神は、西洋文明を賞賛し歴史を再評価するファッションの女王へと華麗なる転身をはかるのである。

七八年のセックス・ピストルズ解散によって、キングス・ロード四三〇番地の状況は決定的に変化する。バンドのメンバーは離散し、マクラレンもパリに去ってしまう。彼の関心は音楽へと移っており、ヴィヴィアンとのプライベートな関係もとうに終わっていた。彼女も自分のキャリアをどう立て直すか考える時期に来ていた。それまでブティックを実質的に運営していたのは彼女だったが、フロントマンであったマルコムの不在は痛手であった。

しかもこの頃はパンクファッションも陳腐化していた。ピストルズがブームになってから、セックスのファッションは模倣されるようになり、モヒカンのヘアスタイル、鋲の打ち込まれた革ジャンといったパンクのステレオタイプが流通していた。ザンドラ・ローズのようにほかのデザイナーもパンク風ファッションを発表、もはや挑発的でも過激でもないただのファッションになってしまったのである。

ウエストウッドはパンクから離れ、ファッションデザイナーとして再出発することを決意する。ここから彼女の試行錯誤がはじまった。まず彼女は服飾史を一から勉強することにした。彼女はもともと向学心のある努力家だったので、読書にはげむかたわらロンドンの美術館やギャラリーに足繁く通っている。彼女のお気に入りはウォレス・コレクションで、そこで展示されている絵画の衣装を詳細に検討したり、ヴィクトリア・アンド・アルバート博物館に展示されるコスチュームの現物を研究していく。

七七年にウエストウッドはゲイリー・ネスというボヘミアンの知識人に出会っている。カナダ出身のアーティストであるネスは文学や芸術に精通し、とくに古典の造詣《ぞうけい》が深かった。彼女は世捨て人のような生活をしていたネスのもとに通って、文学や芸術についての教えを請うた。ネスによってウエストウッドは古典の世界に導かれる。彼女が西洋の思想や文学に親しみ歴史を再評価することになったのはネスの影響が大きいという。(16)

このような研究を通して、ウエストウッドは過去の服飾史を新しい視点から見ることになる。彼女が惹かれたのは、貴族たちが豪華な衣装に込めていた凡俗や庶民を軽蔑する高踏的な姿勢であり、奢侈《しゃし》や放恣にふける蕩尽《とうじん》の美学であった。過去のコスチュームには一九世紀以降のモダニズムを吹き飛ばすような過剰さがあり、ウエストウッドはそこにパンクに通じる否定精神を見たのである。パンクもまた中流社会を軽蔑し、芸術に日常を変革する原動力を求めていた。彼女はとりわけ貴族文化が爛熟した一八世紀に強烈な魅力を感じている。

八〇年、キングス・ロードのショップは今度は「ワールズ・エンド（世界の果て）」へとリニューアルされる。今回の内装は海賊船のデッキに模された。これはパリから戻ったマクラレンが、ウエストウッドの歴史への関心と当時流行しつつあったサブカルチャー、ニューロマンティクスを重ね合わせ、コンセプト化したものであった(17)。海賊は大英帝国の歴史に連なるアウトサイダーとして選ばれたものだ。マクラレンは新しくマネージングするティーンエイジ・バンド、バウ・ワウ・ワウにパイレーツ・ファッションを着せてふたたび流行させている。

ウエストウッドは八一年に初めてコレクションを開催する。これは彼女のファッションデザイナーとしてのマニフェストであった。初めてのファッションショーは「パイレーツ」がテーマであった。その後も「サベージ」「バッファロー」などのコレクションを開催、さらに二号店「ノスタルジア・オブ・マッド」をオープン。これらのコレクションでは民族衣装も含んだ多様なスタイルが自由にコラージュされた。マクラレンは「バッファロー」コレクションでドレスのうえから円錐形のブラジャーをするアイデアを出しているが、これはのちにジャン・ポール・ゴルチエがマドンナのステージ衣装に

デザインしたもののオリジナルである。マクラレンはコレクションの演出も担当した。(18)

だが出帆した海賊船はすぐに座礁してしまう。ウエストウッドのデザイナーとしての評価は高まっていったが、ビジネス面ではまだ経験不足であった。八三年には経営の行き詰まりによる破産、マクラレンとの公的なパートナーシップの終焉《しゅうえん》。ウエストウッドは店をたたみ、援助を申し出たジョルジオ・アルマーニの誘いを受けて、イタリアへと渡ることにした。結果的にはこの提携は実らなかったが、ウエストウッドはイタリア滞在中にルネサンスはじめ芳醇《ほうじゅん》なイタリア美術の世界に浸り、歴史の世界にいっそう傾倒していったのである。

ウエストウッドは八五年の「ミニクリニ」コレクションより、歴史上のコスチュームと現代のファッションとのコラージュを開始する（図6）。このあたりからウエストウッドの女性像はより古典的なセクシーさを訴えるものに変化していく。彼女はセックス時代からアンダーグラウンドな性の世界をモチーフにしていたが、今度は正統なグラマラスなからだを強調するものとなっている。これはおそらくイタリアでの経験が反映されたものだろう。

八六年イギリスに戻ったウエストウッドはワールズ・エンドを再開し、今度は英国の伝統的な素材であるツイードをテーマにしたコレクション「ハリス・ツイード」（八七年）を発表する。このコレクションで成功を収めた後、古代ギリシャに想を得た「ペーガン」（八八年）、英国文化を取りあげた「アングロマニア」（九三年）などを発表している（図7）。彼女はブランドの経営を安定させ、老舗ニット・メーカーのジョン・スメドレーや名門百貨店リバティとのコラボレーションも行なうなど、社会的な名声を高めていく。九二年にはイギリスを代表するデザイナーとしての活動が認められ、エリザベス女王からOBE（大英帝国四等勲士章）を授与されている。

ウエストウッド後期のデザインの特徴は歴史や伝統が引用されて現代と接合され、過剰なものへと誇張されることである。たとえば「ミニクリニ」は一九世紀のクリノリンドレスと六〇年代のミニスカートを結びつけたものであり、「カット・アンド・スラッシュ」（九〇年）は一七世紀の装飾技法であるカット・アンド・スラッシュを現代の服に応用したものだ。またウエストウッドは英国伝統の柄タータンチェックを好み、これを露出の多いセクシーなスタイルに使うことで、常識的な女性らしさを異化する表現に変えた。かつてパンクのコラージュがそうであったのと同じように、歴史を引用し編集することで、ファッションの通念を挑発しているのである（図8）。

上・図7
過去の歴史衣装をカットアップしてコスチュームをつくった
下・図8
英国伝統のタータンチェックとバッスルスタイルの組合せ

こうした姿勢には英国やセクシュアリティへの強いこだわりが感じられる。グローバルな資本主義が進行し、ファッションのユニセックス化が進んでいるとき、ウエストウッドは逆説的に国家や性のアイデンティティを誇張するような表現をおこなっているのだ。

こうした歴史や伝統へのまなざしは懐古的なものではないし、権威におもねったわけでもない。パンクは一部のアーティストによる前衛文化運動の側面があり、中流社会に苛立ち、大人たちを軽蔑し、既成文化へと強引に介入することが目的であった。八〇年代以降のウエストウッドも歴史を自在に組み合わせることで、主流ファッションを挑発する新しい美学を生みだそうとしたのである。過去と現在、日常と非日常、伝統と革新、服飾と芸術、男性と女性、正統と異端、異性愛と同性愛——それはさまざまな境界を攪乱し、近代の価値観を批判し、逸脱を擁護するという点ではパンクと共通するものがある。

ウエストウッドはサブカルチャーから卒業し、ファッションの世界で認められようと全力を注いだ。パンク時代の否定性は失われてしまったが、やはり社会の主流を嘲笑する姿勢は健在だ。その歴史再解釈は七〇年代以降のファッションがたどったレトロとは厳密に区別されるべきだろう。

反逆のコラージュ

一九七〇年代ファッションは二〇世紀前半のモダニズムのように形態を純化させたり

新しいフォルムを発明することよりも、過去の文化や異国の風俗をリバイバルさせることへの関心が高まる。それはベトナム戦争や経済不況への反動や徒労感から時代が求めていた気分のようなものだった。しかし、この復活劇には決定的に「歴史的深さ」が欠けていた。デザイナーがある時代や民族を復活させるのに必然的な動機や理念があったわけではなく、個人的な嗜好《しこう》や音楽や映画からの影響にしたがっていたにすぎない。それは歴史や民族の衣装をカタログ化して自在に組み合わせることにほかならない。

これまでも過去や異文化の服装を引用したり再解釈したりすることはファッションデザインの重要な方法論であった。ワースが絵画に描かれた宮廷衣装を参考にしたり、ポワレがオリエントの装飾美術から想を得るなど、枚挙にいとまがない。ファッションデザインは引用の芸術といえるくらいである。

両者の大きな違いをあげるなら、ワースやポワレが服飾表現の新しさを創造したのにたいして、七〇年代レトロはむしろノスタルジックな空気や伝統の世界を演出したことだろうか。ローレンやサンローランのレトロ調ファッションは新しさという価値に背を向けるために過去に逃避したものである。

こうした表現はときとしてキッチュを感じさせる。キッチュとは低俗な芸術、悪趣味なもの、安物などをさすことばであり、大量につくられた趣味の悪い模造品にたいして用いられる。(19) 通常は中産階級の消費主義的・快楽主義的なライフスタイルにあわせて生産されたまがい物をさすことが多く、七〇年代のレトロ・ファッションも今から見ると表層的な模倣がまさにキッチュな印象を受ける。

ウエストウッドのファッションにもキッチュの要素がある。マクラレンは五〇年代ロックのファンであり、最初にキングス・ロードに出した店のコンセプトもロックンロールのリバイバルであった（ちなみに映画『アメリカン・グラフィティ』（七三年）のヒットは世界にブームを巻きおこし、日本でもロックンロール・ファッションが一部で流行した）。ウエストウッドも出発点ではレトロから影響を受けていたが、その後の歴史衣装の再解釈はたんなる過去回帰ではなかったということだ。歴史衣装には高貴な野蛮さという中流意識とは対極の価値観が背後に隠されている。彼女が過剰なまでに性を強調するのも同じ理由だろう。それは過去を整理して美しいパッケージのもとに再提示するのではなく、凡庸なものを嫌悪する反逆精神からなのだ。

ウエストウッドのテイストは、むしろスーザン・ソンタグいうところの「キャンプ」に近い[20]。キャンプとは、たとえば同性愛者の過激な異性装のコスチュームが、その虚構性ゆえにジェンダーのステレオタイプへのパロディや批判に転じるような美意識のことである。ウエストウッドのファッションはしばしばその逸脱性が性、ジェンダー、人種、国家、文化などに対する批判に向けられている。

ウエストウッドはスタイルをとおした反抗によって、着る人の意識に挑戦してきた。それはたんに消費されるにとどまらないファッションの可能性を示しているのである。

※注

（1）パンクを分析した古典としては、ディック・ヘブディジ『サブカルチャー』未来社、一九八六年を参照。本書におけるパンクの読み方はヘブディジに多くを負っている。
（2）Jane Mulvagh, "Vivienne Westwood: An Unfashionable Life," London, HarperCollins, 1998, p. 33.
（3）ジョン・サヴェージ『イングランズ・ドリーミング』シンコー・ミュージック、一九九五年、三八頁。
（4）ジョン・サベージ『イギリス「族」物語』毎日新聞社、一九九九年、二二～三八頁。
（5）キングス・ロードの歴史については以下を参照。Max Décharné, "King's Road," London, Weidenfeld & Nicolson, 2005.
（6）ドレスデンは第二次世界大戦で集中的に空爆された街であり、「破壊」の象徴として引用された。
（7）ヘブディジ、前掲書、一四九頁。
（8）シチュアシオニスト・インターナショナルについては、以下を参照。Peter Wollen, "Raiding the Icebox," London and New York, Verso, 1993.
（9）海野弘『モダン・デザイン全史』美術出版社、二〇〇二年、五〇〇～一頁。
（10）ジョン・ライドン『STILL A PUNK　ジョン・ライドン自伝』ロッキング・オン、一九九四年を参照。
（11）ロラン・バルト『神話作用』現代思潮社、一九六七年を参照。
（12）ヘブディジ、前掲書、一七二頁。
（13）七〇年代レトロブームについては、長澤均『パスト・フューチュラマ』フィルムアート社、二〇〇〇年に詳しい。
（14）アレンはラルフ・ローレンがいたくお気に入りらしく、ニューヨークの上流階級を描くほかの作品でも衣装として使い続けている。彼の映画にはラルフ・ローレンのブティックが登場することもある。
（15）ジェフリー・A・トラクテンバーク『ラルフ・ローレン物語』集英社、一九九〇年を参照。
（16）Mulvagh, ibid., pp. 175-6.
（17）サベージ、前掲書、一四八～六一頁。
（18）このころふたりの関係は微妙なものになっていたが、マクラレンはファッションデザイナーの道を選んだウエストウッドをしばらく支えていた。DVD『Vivienne Westwood 1970s-1990』ビクターエンタテインメント、二〇〇七年などから当時の様子が推測できる。
（19）マテイ・カリネスク『モダンの五つの顔』せりか書房、一九八九年、三一一～五七頁を参照。
（20）スーザン・ソンタグ『反解釈』ちくま学芸文庫、一九九六年。

※図版出典

1〜2、6〜8、Catherine McDermott, "Vivienne Westwood," London, Carlton, 1999.

3、ボブ・グルーエン、前田美津治監修『ザ・セックス・ピストルズ写真集"Chaos"』ＪＡＭ出版、一九八九年。

4、Ted Polhemus, "Streetstyle," London, Thames and Hudson, 1994.

5、Colin McDowell, "Ralph Lauren" New York, Rizzoli, 2003.

第9章　コム・デ・ギャルソン　ファッションを脱構築する

ボロルックの衝撃

コム・デ・ギャルソンは一九八一年パリに進出して以来、世界のファッションデザインに影響を与えてきた。

とりわけ八〇年代初頭のいわゆる「ボロルック」が生んだ反響はもはや伝説となっている（図1）。それは不規則に穴を空けたニットを重ね着したスタイルで、パリモードの規範を大きく逸脱しており、見る人によってはホームレスのような印象さえ抱いたようだ。このころ流行していたのは肩パッド入りの構築的なモードであり、そのギャップ

上・図1
不規則な穴が空いたファッションが物議をかもした。1982年
下・図2
1977年、コム・デ・ギャルソンのカタログから

はかなり大きいものだった。パリモードの常識に挑戦するかのようなこのコレクションは多くの人々を混乱のただなかへと放りこんだのである。

八三年のコレクション映像を見たことがあるが、それは黒い服をまとった無表情なモデルがなにやら不穏な音楽に合わせて行進するというものだった。ショーの演出も観客を挑発するように計算されており、最後にはモデルたちがこぶしを突き上げるパフォーマンスさえ用意されていた。(1) モデルのメイクも意図的に乱され暴力的な雰囲気がかもされている。

ジャーナリストたちの反応は賛否両論に分かれた。その挑戦を好意的に受けとめた人々がいる一方、大きな不満をおぼえた人々も少なくなかった。「リベラシオン」「ル・モンド」のような革新系新聞は新しいファッションデザインの登場を歓迎したが、「ル・フィガロ」のような保守系新聞や業界紙「ウィメンズ・ウエア・デイリー」は「ポストヒロシマ」「バッグレディ」などと酷評している。ほめる側もけなす側も軽く受け流すことができなかったのだから、その印象はかなり強烈だったのだろう。

こうした論調の背後には、日本企業の欧米進出にたいする不安や日本市場の閉鎖性への不満、いわゆるジャパンバッシングの気運が高まっていたこともあった。日本叩きの動きは八〇年代後半に日本企業がアメリカの映画産業や不動産を買い漁った時期にも激化するが、ヨーロッパでは七〇年代後半から新しい「黄禍」の危機が叫ばれていた。フランス政府にとってモードは主要産業のひとつであり、パリコレクションは世界に向かってその主導権を発揚するイベントでもある。このころ山本耀司など多くの日本人がパリデビューしたこともあり、よけい脅威に映ったにちがいない。

もっとも反響の大きさに驚いたのは当事者たちも同様だったらしい。山本耀司の証言によると、当時パリにデビューした日本人デザイナーたちは「モード・ジャポネ」などといわれ西洋との異質性が強調されたが、当事者たちは日本を代表するという意識もなければ欧米市場を席巻しようとも考えていなかった。(2) 川久保や山本は国内でも「前衛」のレッテルをはられ、ファッション業界からは異端視されていたのである。彼らの狙いは日本のマーケットで十分な支持を集めたので、次に世界にむけて自分たちの表現を問うことであった。

それでは川久保や山本にパリの権威に反逆しようとする意思がなかったかというと、そうではないだろう。もちろん本場で認められたいという野心や新たな市場を開拓するというもくろみあっての海外進出だったが、自分たちの価値観をパリがどう受けとめるか見てやろうという期待も大きかったにちがいない。七〇年代からヨーロッパで高い評価を得ていた高田賢三、三宅一生、山本寛斎らに続いて、パリモードに一石を投じようとしたはずだ。しかし欧米での反響は彼らの予想をはるかに超えたものだった。これはその後のコム・デ・ギャルソンの服づくりに大きな影響を与えていくことになる。

自立した女性へのメッセージ

コム・デ・ギャルソンは最初からファッションをとおして社会にたいするメッセージを発信してきたブランドである。

デザイナー川久保玲は一九四二年東京生まれ。慶応大学文学部で美学を学び、六四年に旭化成繊維宣伝部で働きはじめる。ファッションに関心があったことも就職の理由だったが、当時は女性大卒者が活躍できる会社はまだ限られており、繊維業界はその数少ない例外だったという。(3) 宣伝部でスタイリストの仕事をしていた彼女はすすめられてフリーランスになる。このころはスタイリスト草分けの時代。既製服産業の成長とともに雑誌や広告のイメージづくりをする仕事が必要とされるようになっていた。

彼女がコム・デ・ギャルソンを設立するのは一九七三年。スタイリストとして使いたい服がないことから自ら服をつくることを決意する。その背景には六〇年代の世界的な若者文化のうねりのなかで、若い世代が既製服に表現手段としての可能性を見いだしはじめていたことがあった。フランスの雑誌「エル」はプレタポルテに呼応した誌面づくりで部数を伸ばすが、それに触発されて日本でも大判ビジュアル雑誌「アンアン」が七〇年に創刊され、新進ブランドを積極的に紹介していく。原宿や青山などのマンションの一室から出発した若者たちはマンションメーカーと呼ばれ、マスを対象とする大手アパレルではできない同世代の消費者に向けたファッションの発信に取り組んでいた。これまでは服づくりのノウハウを伝授する洋裁雑誌が主流だったが、「アンアン」誌はブランドを紹介する媒体へ、ファッション雑誌が方向転換するきっかけとなったのである。七三年に同じく若い女性向けの雑誌「ノンノ」が登場すると、雑誌が紹介する情報をたよりに古都や地方を旅行することがブームになり、アンノン族という社会現象をおこした。

　コム・デ・ギャルソンのファッションはある明確な女性像を描いていた。それは社会に流されることなく、自分の生き方を選び、その道を歩もうとする女性たちだ。

コム・デ・ギャルソンは七五年から顧客向けにビジュアル冊子を定期刊行しており、これらから初期の作風がよくわかる。それらは一流写真家を起用した完成度の高いもので、のちに展開される斬新な広告戦略の先駆となっていた。川久保は既存のメディアによらずに顧客とダイレクトにコミュニケーションする重要性に早いうちから気づいていた。冊子には解説や文章はなく、コム・デ・ギャルソンをまとった女性たちの写真が数葉掲載されている（図2）。写真の女性たちは曖昧な微笑《ほほえ》みなど浮かべずに、まっすぐカメラを直視する。そのまなざしにはだれにも媚《こ》びることなく、自分の力で生きていこうとする意志が現れていた。強いメイクをした顔は無表情で、ときにタバコをくわえ、大股でかっ歩する姿は威圧感さえ受ける。そのたたずまいには男性に好まれようとする媚《び》態《たい》はなく、むしろ峻厳な孤高さを感じさせる。

　日本では七〇年代になっても女性は結婚したら家庭にはいるという風潮が残っており、自分の生き方を模索する団塊世代以降の女性は社会の圧力と向きあわなければならなかった。その一方で購買力のある独身女性は消費社会の担い手として注目されていく。

そんな新しい生き方を鮮やかに表現したものにファッションビル・パルコの一連の広告表現がある。六九年池袋にオープンしたファッション専門店ビルのパルコは新進ブランドにショップの場所を提供し、ファッション業界に新風を吹きこんだ。七一年渋谷店オープン後、七〇年代は石岡瑛子ら気鋭のクリエイターを起用した斬新な広告戦略を展開した。それは個性的な女性イメージに「裸を見るな、裸になれ」などのメッセージ性の高いコピーをつけたもので、なにかを宣伝するというより女性たちに生き方を問いかけるような内容となっている(4)。

コム・デ・ギャルソンもしなやかに生きようとする女性にむけたファッションを発表した。シルエットはルーズフィット、色彩は黒、紺、茶、グレーなど禁欲的なモノトーン。かわいいピンクやパステルは使われない。それは自立した女性が他人の視線をはね返して自分のためにまとう服だったのである。

同じく黒をテーマカラーにしたファッションを追求していたのがワイズの山本耀司である。一九四三年東京に生まれた山本は慶応大学法学部卒業後、文化服装学院でデザインを学ぶという当時としては異例の経歴を積んでいる。ファッションデザイナーの登竜門、装苑賞と遠藤賞をダブル受賞してパリに遊学したのち、母が新宿で経営していた洋裁店を手伝いながら独自のスタイルをつくりあげていく。山本が理想としたのも強い女性であり、黒にこだわるのは周囲に流されない強さをあらわすからだ。ブランメルやシャネルのごとく、黒は社会に妥協しないダンディズムの色なのである。

川久保と山本は年齢や学歴などが似ていたせいか、七〇年代半ばに出会って服づくりの価値観を互いに共有するようになっていく。モノトーン、ルーズフィット、定型の破壊、素材へのこだわり……。このころのふたりのデザインには共通するところがすくなくない。そこに対抗文化やウーマンリブの影響を見てとるのはむつかしいことではないだろう。それはパリモードの基本であるブルジョワ的身体への異議申し立てであり、男性中心の社会のなかで与えられた場所に安住して着飾る女性へのアンチテーゼであった。

このころ若いデザイナーにはものづくりに社会変革の可能性を求める気運が高まっていた。そのファッションでの旗手が三宅一生である。パリでオートクチュールを学んだのちニューヨークの既製服会社で働いた三宅は、西洋ファッションの歴史性や固有性を強く意識するようになり、帰国してから自分のアイデンティティを見つめ直した創作活動を開始する。彼がオートクチュールからの訣別を心に決めたのは、六八年にパリで五月革命を目の当たりにしてからだという。その後日本の伝統衣装や各国の民族衣装を研究したり、各地の手工業の伝統や職人の技術を発掘することにより、次第に独自のプロポーションやテキスタイルをつくりあげていく。そこには人間の個性を抑圧してきたモダンデザインの普遍主義にたいする反省から、地域固有の文化を発見する意図が込められていた。川久保もまたこの異議申し立ての精神を共有していたひとりだった。

コム・デ・ギャルソンやワイズは一部に熱狂的な支持者を生みだし、八一年ごろにはおかっぱ頭に黒い服を身にまとう女性たち、カラス族が話題になっている（おかっぱに刈り上げる髪形はロングヘアの女性らしさを拒否するものとして流行した。川久保自身もこのヘアスタイルだ）。このスタイルを好んだのは女性全体から見れば少数だったが、同じ価値観や感性を共有する女性たちの同志的な連帯を表現するものとなる。コム・デ・ギャルソンのビジネスも順調に成長し、八〇年代初頭には全国に一五〇店舗、年商四五億円を売り上げるまでになっていた⑸。

個性とはほかにないもの、各人によって多様なものとするならば、かけがえのない自己を表現するために既製服をまとうというのはある意味では矛盾かもしれない。しかし当時はステレオタイプの女性像を押しつける社会の風潮が根強く、ファッションの選択肢も限られていたのだ。コム・デ・ギャルソンの強さは自立へと奮闘する女性たちにとって精神的な支えになった。それは女性が社会に向かっていくときに身を固める戦闘服だったのである。

ファッションを解体する

一九八〇年代、コム・デ・ギャルソンはさらに先に進んでいく。八一年のいわゆるボロルック、シンボルカラーである黒を中心とした、不均衡に穴のあいたアシンメトリーでオーバーサイズのスタイルには西洋の伝統を拒否する意思が秘められていた。欧米のジャーナリストたちはそのメッセージを解読し、東洋から異議申し立てがなされたことに戦慄したのである。

洋服には西ヨーロッパが長い時間をかけて築き上げてきた価値観が込められている。たとえば洋服はからだにあわせて立体的につくられる。日本の着物もふくめて多くの民族衣装は平面の布を着装するものが多いが、広い地域に民族の移動が頻繁におこなわれてきたヨーロッパでは立体型の衣服が活動的な生活様式に適していたのである。西洋の服飾文化の中心にあるのは古代ギリシャ・ローマ以来の安定や調和に美を感じる意識である。八頭身のプロポーションもそのひとつだ。古典古代の彫刻に表現されるような均整のとれた肉体美は服飾だけでなく、美術、建築、哲学など西洋文化の基本となり、いまなお大きな影響力をもっている。だからそれを崩すことは西洋の歴史そのものを否定することにつながる。

川久保はパリに進出することでこうしたファッション文化の伝統に真正面から向かいあうことになった。ボロルックの反応を見た彼女はさらにその方向に進むことを決意する。市場に受け入れられるよう親しみやすい路線へと修正することもできたのだが（ビジネス的にはそのほうが賢明だったろう）、川久保はあえてそうしなかったということだ。

八〇年代から九〇年代にかけて、コム・デ・ギャルソンはさまざまなファッションの文法を解体する実験をおこなっている。たとえばアシンメトリーを強調するデザイン、ジャケットから袖や身頃を取ったデザイン、一枚の布地でドレスをつくる試み、異質な素材の組み合わせ、服を解体してランダムに再編集すること、男性のテーラードジャケットと女性のドレスの唐突な融合……。ファッションの既成概念を疑い、その構成要素をバラバラにして再構成するという作業はいつしか前衛と呼ばれるようになった（図3・4）。

コム・デ・ギャルソンがファッションの文法を崩すのは西洋の価値観に反抗するためだけでなく、そこに新しい美学を求めていたからである。プロポーションが崩された不安定さ、縫製の未完成なほつれ、異質なものを組み合わせた違和感、不完全さのなかの繊細さ。こうしたデザインには既成の美学にはない強さがある。欧米のジャーナリストは日本の伝統工芸や浮世絵が非対称の構図であることからコム・デ・ギャルソンにジャポニズムの影響を見てとろうとしたが(6)、川久保の狙いは過去を再評価することではなく現在を乗り越えていくことにあった。

たとえばコム・デ・ギャルソンは異質なものを組み合わせるコラージュ的な手法をよく使う。これはシュルレアリスムが発展させた方法論であり、人間の無意識の領域にあるリアリティを描きだすことが目的だったが、エルザ・スキャパレッリなどに代表されるファッションデザイナーの多くはこれを新しい装飾の技法と考えてきた。ところがコム・デ・ギャルソンの場合は文字通り偶然の出会いを求めようとしているという意味で、シュルレアリスム本来のコラージュに近い。

ヴィヴィアン・ウエストウッドもコラージュを効果的に活用してきた。七〇年代のパンクやパイレーツから八〇年代後半のミニクリニ、アングロマニアまで、異質な要素を組み合わせることで既成概念を攪乱することはウエストウッドにとっても服づくりの基本戦略である。そのコラージュにはファッションを切り裂き、中流社会の価値観を嘲笑するような鮮烈な魅力が表現されていた。

川久保がウエストウッドと違うのは特定の文化への帰属意識をまったく感じさせないところである。ウエストウッドは西洋史への強いこだわりがあり、九〇年代以降は一八世紀ヨーロッパ宮廷文化への賞賛を公言するようになった。そのため後期のデザインには伝統への敬意のようなものがこめられていた。それにたいしてコム・デ・ギャルソンは西洋や日本の伝統にオマージュを捧げるよりも、それを破壊することからなにかを見いだそうとしてきたからだ。[7]

またコム・デ・ギャルソンは七〇年代に流行したレトロ・ファッションでもない。レトロが過去のスタイルを復活させるとき、それは過去への郷愁や憧れにふけろうとする

上・図3
服のルールを壊す
下・図4
一枚の布地でドレスをつくるという試み

心情に駆られている。ラルフ・ローレンが二〇年代を引用したのは古き良き時代を理想化し、購買者のノスタルジアを刺激するためだった。しかしコム・デ・ギャルソンが歴史衣装や民族衣装を引用するときは現在のファッションにたいする批判的なまなざしにもとづいている。

コム・デ・ギャルソンのデザインはときに「脱構築（ディコンストラクション）」といわれる。このことばはフランスの哲学者ジャック・デリダが提唱したもので、もともとは形而上学《けいじじょう》を解体する哲学の読み方のことである。デリダは西洋哲学の根本にある二元的思考を批判し、ことばの意味を読みかえることで哲学体系に内在する矛盾を明らかにし、新しい解釈の可能性をしめそうとした。既存のことばを用いながらシステムそのものを批判的にずらしていくこの方法は文学批評にも援用され、時代のキーワードになっていた。

まっさきに脱構築をとりいれたデザイン領域は建築である。合理性・機能性を重視する近代建築の理念は六〇年代より批判にさらされるようになり、新しい造形を模索する多くの試みがなされてきた。デリダなど現代思想に啓発された奇怪なデザインを志向する建築家たちに脱構築主義という名称が与えられたのは一九八八年ニューヨーク近代美術館で「ディコンストラクティヴィスト・アーキテクチャー」展が開催されてからだ。この展覧会にはピーター・アイゼンマン、フランク・ゲーリー、ダニエル・リベスキンド、ザハ・ハディド、コープ・ヒンメルブラウといった先鋭的な建築家七組が選ばれている。彼らは画一的で抽象的な近代建築に反発するように、建物を歪曲したり、構造を断片化したり、空間を切断したりするデザインを発表した（図5）。それらは独自の造形感覚において見るものをとらえ、建築表現の新しい可能性を垣間見させる。(8)ファッションにおける脱構築は思想というより、シンメトリーや均衡を崩した服や未完成な服など形状の特徴をさすことが多い。コム・デ・ギャルソンもファッションの文法をずらすことで生まれるユニークな造形をつぎつぎに生みだした。ときに着方がすぐにわからないような構造によって着る人を戸惑わせるものや、着ることで四肢の自由な動きが妨げられるものもあった。あえて身体を不自由な状態にすることで、洋服に縫いこまれた考え方の枠組みを再考し、服を主体的に自分のものにするためである。もちろん多くの消費者はこのようなデザインを敬遠するし、場合によっては欠陥品と考えるだろう。しかし川久保は市場の多数派にむけて服をつくっているわけではなかった。彼女はファッションに意識変革の役割を求めてきたし、それに共感する人に着てもらいたいのである。

このようなデザイン思想にはカウンターカルチャーからの影響があるが、彼女が世界的ファッション業界の中心地から離れた日本で活動してきたことも大きい。パリ、ニューヨーク、ミラノの服飾産業はファッションの商品価値を重視するため、あまりにも前衛的な表現は認めない場合が多い（ウエストウッドのサブカルチャー的ファッションもイギリスだからこそ生まれた）。

コム・デ・ギャルソンのデザインは前衛的だったが、日本では従来のファッションに飽き足りない若い世代を惹きつけ、売上げは八七年に一〇〇億円を超え、二〇〇三年に一四〇億円にまでなっている(9)。これは川久保の経営手腕によるところも大きいが、さまざまなファッションをどん欲に消費するポストモダンの時代に支えられていた。

ポストモダンと高度消費社会

一九八〇年代の日本経済はオイルショック以降の不況から完全に立ち直り、バブルと呼ばれることになる未曾有の好景気を迎えた。それは高度消費社会という社会状況とポストモダンという文化状況をもたらすことになる。ふたつはコインの表裏のように密接に結びつき同時進行していた事態であった。

この時期に日本を席巻したのがＤＣブランド・ブームである。ＤＣとはそれぞれデザイナーとキャラクターの頭文字であり、八〇年代に人気となったさまざまな既製服ブランドを総称することばであった。パルコ、ラフォーレ、丸井などのファッションビル、駅ビルとともに全国的に展開し、八〇年代後半には半期のバーゲンに徹夜で並ぶ者が出るなどしてメディアにもとりあげられている(10)。

エレガントなビギ、ヨーロッパテイストのニコル、フォークロア少女のピンクハウス、和製パンクのミルクなど、それぞれ個性的なデザインの多種多様なブランドが百花繚乱と咲き誇った。彼らの多くはマンションメーカー出身だったが、ブームにのって自社ブランドをさらに細分化させて急成長し、大手アパレルに並ぶほどの規模へと発展したものもあった。川久保もこの追い風のなかで巧みな舵取《かじと》りをしてコム・デ・ギャルソンを成長させていったのである。マーケットの拡大と多様化に対して、トリコ、ノアール、オム、オムプリュス、オムドゥなどいくつかのラインが立ち上げられた。

ＤＣブランド・ブームを牽引したのは消費社会の爛熟である。二〇世紀は豊かな生活に憧れた一般大衆がリードするが、その原動力はフォーディズムであった。大量生産・大量消費が本格化するにつれて、多くの商品が日常生活にあふれるようになる。かつてはものを買うことそのものが大きな満足を与えてくれた。冷蔵庫、洗濯機、テレビなど「三種の神器」を手に入れて隣人と同じ生活水準を達成することが高度成長期の人々にとっての目標だった。しかし広くものが普及するにつれ、他人と同じものでは満足できなくなる。もはや画一的な大量生産品ではなく、他人との違いを感じさせる少量生産品が求められるようになっていく。ＤＣブランドもまた他人と違うものを求める若い世代の意識の変化に対応していたのである。彼らは細やかな差異を消費することに自分らしさを感じるようになった。

このような消費意欲の変化を敏感に察知した広告代理店は「大衆から少衆」へ、あるいは「分衆の誕生」という図式を描いてみせた。大量生産品が売れなくなったという現実をふまえて、画一的な商品を多く供給するのではなく、ライフスタイルの多様化にあわせた多品種・少量生産をおこなうべきだという提案である。

このころポストモダン論、すなわち近代が終わり新たな時代をむかえているという議論が浮上してくる。世界戦争や南北格差の根源である近代の経済発展至上主義にたいする反省は六〇年代から聞かれていたが、八〇年代になると文化のなかにもモダニズム以後のスタイルが見られるようになってきた。ポストモダンが語られるとき引きあいに出されるのが、フランスの哲学者J＝F・リオタールが『ポスト・モダンの条件』（一九七九年）でのべた「大きな物語の終焉」ということばである。それは現代において進歩のようなイデオロギー（＝大きな物語）がもはや失効していることを指摘したものだが、これは大衆消費社会が直面していた状況をうまく説明していたのだ。

ポストモダンがもてはやされたのは文化の領域である。八〇年代の文学、音楽、美術、映画、演劇、ダンスなどの分野では、モダニズムに対抗するような表現や過去の作品を模倣する作品が数多く見られるようになる。(11)

建築の領域でも抽象的で普遍主義的な造形を目指すモダニズムが陳腐化して氾濫したことへの反発として、過去の様式をコラージュするポストモダン様式が登場した。チャールズ・ジェンクスによれば近代建築は七〇年代前半にすでに終わっていたというが、(12)ポストモダン建築が一躍注目を集めたのはフィリップ・ジョンソンがAT&Tビル、マイケル・グレイブスがポートランドビル、磯崎新がつくばセンタービルを発表する八二～八三年である。それらは装飾を重視したデザインによって、画一的で無機的な近代建築のインターナショナル・スタイルから逃れようとしたのである。

デザイン界ではイタリアからエットーレ・ソットサスを中心としたデザイナー集団メンフィスがカラフルで大胆なフォルムの家具や日用品を世に送り出し、ポストモダン旋風をまきおこしている。ソットサスが八一年のミラノ家具見本市で発表したサイドボード「カサブランカ」や「カールトン」はメンフィスのもっともよく知られた家具だが、ロボットのような未来的な造形、赤や黄色の原色使い、軽快でポップなテクスチャーが強い視覚効果となっている。メンフィスはバウハウスのような機能性や実用性を重視した禁欲的なデザインに対抗するように、多様な要素をごちゃ混ぜに組み合わせるようなキッチュな楽しさを追求したのである（そこにはアメリカのグレイブスや日本の倉俣史朗など国際色豊かなデザイナーが参加していた）。

ポストモダンのデザインはこうした「ごちゃ混ぜのイメージ」、過去の様式を恣意的な記号としてカット・アンド・ペーストするところにひとつの特徴がある。フレドリック・ジェイムソンはポストモダン文化のこの側面を「パスティーシュ」と呼ぶ。パスティーシュとはほかの様式を模倣することだが、それはオリジナルを茶化す意図をもつパロディとはことなる。ジェイムソンによれば、パスティーシュとは「模倣の中立的な実践であり、そこにはパロディのような隠された動機も、風刺的な衝動も笑いも、模倣されたものがむしろ滑稽であるということと較べればいくらかの正常さを保つような密やかな感情もないのである。パスティーシュは空虚なパロディであり、ユーモアのセンスなきパロディである」[13]。ポストモダンは高度消費社会において文化から歴史性が消滅し、すべてが記号として浮遊するようになった地平のことなのである。

ファッションデザインでは過去のスタイルを模倣したりコラージュしたりすることはごく一般的な方法論としておこなわれてきた。たとえば七〇年代にイヴ・サンローランやラルフ・ローレンが発表した一九二〇年代レトロはその典型であった。一方、ウエストウッドはむしろパロディに近いシニカルなデザインが持ち味だ。

ポストモダン風パスティーシュをもっとも鮮やかに実践してみせた八〇年代のデザイナーはジャン・ポール・ゴルチエだろう。ゴルチエはウエストウッドやロンドンのストリート文化に影響を受けて独自のコラージュ感覚をつくりあげ、一九世紀のコルセットやブラジャーなどの下着を服のうえにつけたり、男女のセックスや同性愛を誇張する際どいファッションを発表して注目を集める。そのイマジネーションはオートクチュールからストリート、クリノリンドレスから民族衣装、ロシア・アヴァンギャルドからサイバーパンク、あらゆるスタイルを自在に組み合わせ、奇想天外なスペクタクルとして演出する。ゴルチエはノスタルジアやパロディから離れ、派手に装飾することの欲望を積極的に肯定したのであった⑭。

ポストモダンデザインは過去の様式を歴史から切り離された記号として再構成することが特色だったが、西洋の伝統とは無関係であった日本のデザインはもともとそういうものであり、それゆえにこの時期に日本の自由闊達なデザイン表現は各分野で高く評価されている。

川久保も軽やかな記号ゲームを演じていたのだろうか。たしかにDCブランド・ブームやバブル経済が加熱した時期には、彼女もまた経営を拡大して全国に店舗を展開し、広告宣伝やインテリアデザインにも資金を投入することができた（彼女はショップにおく椅子もデザインしている）。しかし川久保の狙いはファッションのトレンドにたいする問題提起であり、それゆえの「脱構築」「ポストモダン」だった。

ハル・フォスターはポストモダン文化をふたつに区別している。[15] ひとつは反動のポストモダンであり、資本主義の論理を反映し、再現し、強化するようなもの、もうひとつは抵抗のポストモダンであり、資本主義に批判的で対立的であろうとするものである。コム・デ・ギャルソンは明らかに後者の意味でのポストモダンであった。

だれも見たことのない服

一九九〇年代に近づくころ、川久保はもうひとつ次の段階に進もうとしていた。もともと反抗や前衛のスタイルだったコム・デ・ギャルソンもパリモードにおいて高く評価されるようになると、次第に権威として確立されてくる。すでに八〇年代から日本国内ではコム・デ・ギャルソンはひとつの「ファッション」として数多く模倣されるようになっていた。その多くは川久保の精神を継承しない表面的なエピゴーネンなのだが、すべてを記号として流通させる消費社会では前衛さえも商品化されてしまう運命にあるのだ。

しかし川久保はそうした風潮とは距離をおいて、あくまで社会の主流にたいする抵抗勢力であろうとした。川久保にとって、ファッションの本質は過去、伝統、権威から自由に、かつすばやく変化することにある。すべてを呑み込む高度消費社会に巻きこまれないためには、それよりも早い速度で自己イメージを転換しなければならない。しかもただ変わるのではなく社会にたいする反抗である必要がある。

八〇年代後半より九〇年にかけて、コム・デ・ギャルソンのスタイルがよりダイナミックに変化したのはそのためである。ミニマリズムと形容されたりもした寡黙なラインからユーモラスで饒舌《じょうぜつ》なライン、モノトーンを基本としたダークな色調からカラフルな色彩、それまで築いてきたひとつのスタイルを捨てて、より自由闊達なデザインのレトリックを駆使するようになったのだ（図6）。たえず前進し新しいものを生みだしていくのがモダン（現代）という時代だとすると、その論理を内面化し加速させてだれよりも早く疾走することこそ、川久保が選んだ次なる戦略だったのである。

その徴候は八八年「レッド・イズ・ブラック」コレクションにあらわれていた。このとき川久保は黒というシンボルカラーを手放し、かわりにあまり使ってこなかった赤という色を中心に展開したのである。コム・デ・ギャルソン＝黒と決めこんでいた消費者たちはさぞ戸惑ったにちがいない。それはこれまでの顧客を失うことになろうと、新しいデザインをうみだしていこうとする川久保の意思表明だった。

コム・デ・ギャルソンが九三年に顧客に郵送したダイレクトメールにはこのようなこ

とばが大きく印刷されていた。「未来のかたち。未来と根源の調和。相反するものから生まれる力、創造。完成されていない荒削りなもののみが放つ強さ」[16]。これは青山のショップでの展覧会を告知するものだったが、創業二〇周年を迎えたコム・デ・ギャルソンの服づくりについてのマニフェストでもあった。

新しいファッションをつくりだすために、コム・デ・ギャルソンは通常の服づくりとはかなりことなったアプローチをとる。

一般にファッションデザインはデザイナーがドローイングやイメージを描くことから出発する。デザイナーはテキスタイルメーカーの展示会で布地を見たり、トレンドを分析したり、同時代の社会や芸術の動向を見聞するなかからコレクションのテーマを決め、何枚もファッション画を描く。このファッション画を受けとったパタンナーはトワルをつかって立体的に組み立てる作業にかかる。パタンナーはデザイナーのイメージを忠実に形にすることが重要な仕事である。このパターンにもとづいて実際の布地を用いて組

上・図5
フランク・ゲーリーのグッゲンハイム美術館ビルバオ
下・図6
これまでのイメージを壊し新しい色や素材に挑戦した

み立てられ、作品が完成する。問題がないかチェックされたのち、量産のために工場へ発注される。

コム・デ・ギャルソンの場合はたとえば次のように進行する。[17]

まず素材づくりである。川久保は長年仕事をしているテキスタイルデザイナーに素材についての意向を伝える。[18]それは会話をしながら曖昧な表現や比喩の形で示されることが多いという。たとえば「冷たい感じのする布」「鉄のような布」といったものである。テキスタイルデザイナーはそこから川久保が求めているものを独自に解釈して、テキスタイルの手配・制作に入る。完成したテキスタイルはときとして一般的な服には適さない素材であることもあるようだ。

素材づくりと並行して、川久保はパタンナーたちにデザインのテーマを説明する。それもまた抽象的なことばで伝えられ、具体的なファッション画などは示されない。それは抽象的なドローイングであったり、くしゃくしゃに丸めた紙であったり、なにかキーワードのようなもの（たとえば「裏返した枕カバーのような」とか「精神的な意味でのエスニック」）であったりする。この漠然としたテーマを解釈しながらパタンナーたちは試行錯誤しつつトワルを組んでいく。ここではパタンナーは形をつくるデザイナーでもあることが求められている。彼らが考えてきたものが検討され、修正ややり直しを経て、次第に服の形が生まれてくる。

形が決まると開発された素材がパタンナーたちに初めて渡される。それまで素材について知らされていないため、場合によっては素材と形が合わないこともあったりするので、デザインの調整や変更がぎりぎりまでおこなわれ、最終的な完成形へと仕上げられる。

こうしたプロセスをとるのは、川久保がデザインをスタッフとの共同作業のなかからつくりだそうとするからである。川久保には最初から自分の求めているものが見えているわけではなく、素材や形を模索するなかで徐々に発見していく。スタッフは川久保のことばや表情を手がかりに彼女が無意識に求めているものを読み解き、それを現実の形にせねばならない。目的地がわからないまま走っていくプロセスはスタッフの精神状態をぎりぎりに追いつめることも珍しくない。しかしスタッフの想像力を限界まで酷使するこの作業によってはじめて、だれも見たことのない新しいデザインがつかみだされるのだ。

こうしたデザイン活動のひとつの頂点は、九六年のコレクション「ボディ・ミーツ・ドレス　ドレス・ミーツ・ボディ」だったのかもしれない（図7）。それは服のなかにいくつものパッドを入れることで、身体を不規則なこぶの塊に変えてしまうという前代未聞のファッションデザインである。このコレクションはファッション業界に大きな物議をかもした。前衛的なデザインを「着ることができない」と批判することはよくあるが、これはそのレベルを超えており、好意的なジャーナリストでさえ今回ばかりは留保なく賞賛することをためらった。

「こぶドレス」は女性のからだの美しさを疑うという範疇から外れた形態であった。それは着る人のからだのプロポーションを脱中心化し、抽象的なオブジェのようにしてしまう。もはやジェンダーやセックスを無化したフォルムといってよい。これはファッションと身体の関係をぎりぎりまで試行錯誤した結果につくりだされたものであり、発表のときはスタッフにも戸惑いがあったくらいである。

このドレスはマース・カニンガムのダンス・パフォーマンスの衣装に採用された。カニンガムは踊ることと以外のすべての物語性を捨象したダンスをつくりだしてきたモダンダンスの巨匠である。彼があらゆる具体的な身体のディテールをふり捨てた「こぶドレス」に注目したのは慧眼《けいがん》だったといえよう。

このようなデザインも保守化していく社会にたいする苛立ちから生みだされたものだった。九〇年代、ファッションの世界にはストリートという名の普段着と大資本をバックにした欧米ブランドが流行する。川久保はそのような日常性への開き直りやブランド崇拝という思考放棄を許さず、スタイルによって絶対的な美を作り出すという反時代的ともいえる創造を追い求めたのである。コム・デ・ギャルソンがどこにもない強烈さを発見し続けようとするのは、そのような川久保の意思を原動力としていたからであった。それはファッションをとおした社会への批評行為なのである。

ブランドとアート

川久保はデザインだけでなく経営の責任者でもある。先鋭的なブランドを商業的に成立させるためには、リスクを怖れない冒険心もさることながら、優れた経営センスと意欲の高いスタッフを組織するリーダーシップが必要とされる。デザイナーは社会と接することなく自己表現にのめりこむような芸術家にはつとまらない。多くの芸術家のように少数の顧客や画廊を相手にするのではなく、不特定の消費者に商品を購入してもらうことによって成り立っているビジネスなのだ。

そのため川久保は服づくりにくわえて、広告や店舗もメッセージを伝える媒体として活用することに力を入れてきた。顧客に配布していたビジュアル冊子は一九八八年に雑誌「Ｓｉｘ」へと発展したほか、ポスターやＤＭの形でもイメージ戦略が展開されている。

八〇年代なかばまでの広告は沢渡朔、操上和美、サラ・ムーン、ピーター・リンドバーグ、ブルース・ウェーバー、ティモシー・グリーンフィールド・サンダースらを起用

上・図7
こぶドレスはからだと服の関係を問い直した。1996年
下・図8
80年代、世界を席巻したアルマーニのソフトスーツ

したファッション写真が中心だったが、それ以降は多種多様なアーティストの表現が自由に選ばれるようになっている。そこではもはや商品のプロモーションはおこなわれず、見るものに強く訴える写真表現や視覚芸術がブランドロゴとともに提示される。なぜコム・デ・ギャルソンがそのイメージを使うのか、鑑賞者は自らそれを考え感じなければならない。かなり難易度の高い広告コミュニケーションかもしれないが、アートとビジネスの境界を越える企業アイデンティティを伝えるには適した手法なのである。

川久保は店舗のデザインにも強いこだわりを示している。基本はミースやル・コルビュジエのモダニズムに触発されたようなコンクリート剝《む》き出しのインテリアにシンプルな什器《じゅうき》が置かれたものである。そこはよけいなものが排除され服そのものと対峙する空間となっている。店内にマネキンがほとんど置かれないので、客は自ら手にとって服について考えなければならない。世界中の店舗では各地でそれぞれ独自のコンセプトからインテリアがデザインされており、二〇〇〇年からは期間限定のゲリラショップなる商空間もヨーロッパの限定された地域で展開している。

コム・デ・ギャルソンがアートカンパニーと呼ばれるのは前衛的な服づくりもさることながら、衣服、広告、店舗を通して人々になにかを感じさせ、価値観に変革を迫るようなコミュニケーションをはかろうとするからだろう。そのメッセージは万人にわかるものではない。たとえ一部の顧客しか理解できないとしても、川久保はクリエーションによって社会が変わる可能性を信じているのだ。

コム・デ・ギャルソンのようなブランドはファッション業界のなかではむしろ例外である。

八〇〜九〇年代のファッションを振り返ると、商業的に成功したのは日本ではなくイタリアのデザイナーたちであった。三宅、川久保、山本らはたしかに一部のジャーナリストからの高い評価を獲得したが、海外でのビジネスはそれほど大きな収益をあげていたわけではない。彼ら以外の多くのDCブランドはバブル崩壊とともに凋落の一途をたどった。一時期は海外から熱い視線を浴びた東京コレクションもその権威を失墜し、国内だけの新作発表会に縮小している。なかにはコレクション発表をパリに一元化し、東京での開催を取りやめるブランドも出てきた[19]。

イタリアのミラノは八〇年代にはアルマーニ、ジャンニ・ヴェルサーチ、ジャンフランコ・フェレなどのデザイナーが活躍し、九〇年代にはグッチ、プラダなどの老舗ブランドが復活するなど、流行発信都市としての地位を固めている。

イタリアのファッション業界が躍進するのは第二次大戦後のことである。長年パリの陰に隠れていたイタリア服飾産業は戦後復興のためにアメリカ市場に目を向ける。当時のアメリカはパリモードに憧れていたが、あまり華美なものは実用を重んじる国民性には適していなかった。そこでイタリアはアメリカを想定した有用性と装飾性を兼ねそなえたデザインを発展させていくのである[20]。

ミラノを世界のファッション都市に押しあげるのに貢献したデザイナーはジョルジ

オ・アルマーニだろう。男性服のもつ実用性を女性服に取りいれる一方、女性服の柔らかさを男性服に取りいれて、いかにもイタリアらしい色気のあるモダニズムを展開し、世界に大きく躍進していったのである[21](図8)。八〇年代後半のソフトスーツは日本でも流行し、男性服飾史に一定の足跡を残した。コム・デ・ギャルソンの企業規模や売上げはアルマーニなどにくらべれば小さいかもしれない。しかし川久保の目標はビジネスの拡大よりもファッションによる意識変革にあった。主流ファッションへの批評、服飾表現の創造性の拡大、消費者との新しいコミュニケーション、彼女が達成した仕事はのちのデザイナーたちに大きな影響を与え続けている。

※注

(1)「NHKスペシャル　世界は彼女の何を評価したのか」(二〇〇二年一月放送)より。

(2)三島彰編『モード・ジャポネを対話する』フジテレビ出版、一九八八年を参照。

(3)安原顕「コム・デ・ギャルソンの川久保玲さんに聞く」『季刊リュミエール　第一号』一九九五年、一二八～九頁。

(4)アクロス編集室編・著『パルコの宣伝戦略』パルコ出版、一九八四年を参照。

(5)ディヤン・スジック『川久保玲とコムデギャルソン』マガジンハウス、一九九一年、五二頁。

(6)欧米ジャーナリストは八〇年代までコム・デ・ギャルソンだけでなく、日本のデザインを「禅」「わびさび」などから理解しようとしてきた。以下を参照。Dorinne Kondo, "About Face," New York and London, Routledge, 1997.

(7)こうした相違を超えて両者は共通点も多い。ウエストウッドの八二年コレクション「ノスタルジア・オブ・

マッド」ではルーズな重ね着スタイルが発表されているが、そのシルエットは同時期のコム・デ・ギャルソンにかなり似ている。川久保玲はパンクをテーマにしたコレクションを発表したこともある。
(8)コム・デ・ギャルソンのほかにも、山本耀司やマルタン・マルジェラもまた脱構築といわれてきた。これは、既成の服を壊す・ずらすファッションにたいして広く用いられた。たとえば、Patricia Mears, "Fraying the Edges: Fashion and Deconstruction," in Brooke Hodge (ed.), "Skin+Bones," New York, Thames & Hudson, 2006 を参照。
(9)南谷えり子『ザ・スタディ・オブ・コム　デ　ギャルソン』リトルモア、二〇〇四年、七二頁。
(10)アクロス編集室編『ストリートファッション 1945-1995』パルコ出版、一九九五年、二〇〇～二頁。
(11)ハル・フォスター編『反美学』勁草書房、一九八七年を参照。
(12)モダンの終焉は一九七二年七月一五日ミシシッピー州セントルイスのプルーイット・アイゴー団地が取り壊しのために爆破されたときに遡ることができるとチャールズ・ジェンクスは指摘する。その団地はまさしくモダンの夢のなれの果てなのだった。ちなみにこの団地を設計したミノル・ヤマザキはワールド・トレード・センターの建築家でもある。ジム・マグウィガン『モダニティとポストモダン文化』彩流社、二〇〇〇年を参照。
(13)フレドリック・ジェイムソン『カルチュラル・ターン』作品社、二〇〇六年、一六～七頁。
(14)Cf. Colin Mcdowell, "Jean Paul Gaultier," London, Cassell, 2000.
(15)フォスター編、前掲書、七頁。
(16)フランス・グラン『COMME des GARÇONS』光琳社出版、一九九八年、六〇頁。
(17)コム・デ・ギャルソンのデザインのプロセスについては、ディヤン・スジック『川久保玲とコムデギャルソン』、清水早苗・NHK番組制作班編『アンリミテッド　コムデギャルソン』、「NHKスペシャル　世界は彼女の何を評価したのか」(二〇〇二年一月放送)などを参考に再構成している。おそらく時期によってプロセスには違いもあると思われるので、あくまでもひとつの目安としてご了承いただきたい。
(18)初期からコム・デ・ギャルソンのテキスタイルを手がけていたのは織物研究舎代表の松下弘であった。パリ進出よりコム・デ・ギャルソンの生地を専属的に引き受け、その創造の協力者として大きく貢献した。
(19)ほかならぬ三宅一生、川久保玲、山本耀司らが東京コレクションから離脱し、パリでのコレクションに専念している。これは経済的な理由も大きい。彼らスターデザイナーの不在は海外メディアやバイヤーの足をいっそう遠のかせた。
(20)戦後、フィレンツェの企業家ジョバン・バッティスタ・ジョルジーニが旗振り役となって、アメリカのジャーナリストやバイヤーをフィレンツェに招待し、コレクションを開催するプロモーション活動に力をいれたのである。かつてイタリアのファッション産業の中心地はミラノではなくフィレンツェであった。アドリアーナ・ムラッサーノ『モードの王国』文化出版局、一九八四年を参照。
(21)リンダ・ゴッビ他『ブーム』鹿島出版会、一九九三年などを参照。

※図版出典

1、6、Valerie Steele, "Women of Fashion," New York, Rizzoli, 1991.
2、「Comme des Garçons」コムデギャルソン、一九七七年。
3、「Six No.2」コムデギャルソン、一九八八年。
4、フランス・グラン『COMME des GARÇONS』光琳社出版、一九九八年。
5、J. Fiona Ragheb, "Frank Gehry, Architect," New York, Guggenheim Museum, 2001.
7、Harold Koda, "Extreme Beauty," New York, Metropolitan Museum of Art, 2001.
8、"Giorgio Armani," New York, Guggenheim Museum, 2000.

第10章 マルタン・マルジェラ リアルクロースを求めて

現実が浮上する

ジャン・ボードリヤールは現代社会はメディアや商品が氾濫した結果、現実以上に現実らしい記号の世界（＝シミュラークル）によっておおいつくされてしまっていると論じた(1)。人々はシミュラークルの生みだす仮想現実のなかに生きて、物語を消費する。こうした社会のなかでファッションやブランドは日常生活に遍在し、ごく当たり前なものとなっている。

その一方で、九〇年代以降は繁栄のもとに隠蔽されていた現実的なものが噴出してきた時代であった。

一九八九年ベルリンの壁崩壊に始まる東ヨーロッパの民主化は米ソ冷戦構造を終結させ、それまで二大強国のもとにかりにも均衡していた国際政治は不安定となり、抑えつけられていた民族間・宗教間の紛争が各地で多発するようになる。さらに国境を越えたグローバル企業の活動は地域経済に打撃を与え、文化の均質化をさらに推進しながら、富めるものと貧しいものの格差をよりはっきりと拡大していく。

日本においても九一年ごろからバブルが崩壊し、九五年に地下鉄サリン事件と阪神淡路大震災が相次いでおこると、それまでの財テクや消費に浮かれていた時代の気分はあっという間に終息してしまった。

現実が急速に不安定になっていくと、社会をおおっていたポストモダン的な楽観主義は次第に沈静することになった。震災によって都市が分断され建物が倒壊した風景のまえでは脱構築などただの意匠にすぎない。ポストモダンは近代を超えるものではなく、消費社会のあだ花にすぎなかったという合意がなんとなく形成されていく。

ファッションデザインも個性を表現したり装飾を過剰にする造形は避けられ、よりシンプルなフォルムへと流れが向かっていく。

この時期にはブランドビジネスの集大成ともいうべきグローバルブランドが大きな躍進をとげた。彼らは消費者のライフスタイルに迎合し、デザイン的に新しい冒険をすることはほとんどない。

その一方で、ファッション産業がつくりだす流行とは距離をおき、自分の日常生活やリアリティから出発する次世代デザイナーも登場するようになっている。

グローバルブランドの時代

一九九〇年代はグローバルブランドが世界的な規模で版図を広げた時代である。ブランドといってもいろいろな種類があるが、ハイファッションの分野ではルイ・ヴィトン、ディオール、シャネル、グッチ、プラダなど、マスファッションではベネトン、ギャップ、トミー・ヒルフィガーなど、そのほかスポーツウエアではナイキ、アディダス、プーマなどが代表的だ。いずれも資本をバックにして積極的なビジネスを展開し、各国に直営店舗を展開する。ブランドのグローバリゼーションである。

グローバルブランドの大きな特徴はマーケティング主導の服づくりだ。

これはアメリカやイタリアのファッション産業が発達させてきたもので、ライフスタイルをベースにして現実的な商品構成を組み立て、宣伝戦略と店舗展開によってブランドアイデンティティを広くアピールし、市場の獲得を目指す。デザインとしても作り手の意思や服の創造性よりも、購買者の日常生活における有用性をより重視する、いわゆる「リアルクロース」路線だ。

自社でつくった製品を自社の店舗で販売するブランドをSPAと呼ぶ[2]。既製服会社は製品を問屋に卸して販売は小売店にまかせていることが多かったが、このやり方では生産から販売までを統括してきめ細かい在庫管理ができることが利点である。そのためには資金や店舗が必要になりビジネス規模も大きくなるが、マネジメントが効果的にでき、ビジネスをコントロールしやすい。

多くのブランドはSPA型であるが、世界市場を視野に入れた経営・マーケティング戦略のもとに運営されているのがグローバルブランドの特徴だ。アメリカのラルフ・ローレン、カルバン・クライン、ダナ・キャラン、イタリアのジョルジオ・アルマーニを嚆矢とするこの方法は、パリモードにも大きな影響を与えている（それ以前にもワースの時代よりブランドは国境を越えていたし、カルダンのように世界中でライセンスビジネスをする企業家もいたが）。

それを象徴するのがベルナール・アルノー率いるLVMH（モエ・ヘネシー・ルイ・ヴィトン）グループである。アルノーは父の建設会社を継いで不動産事業に乗りだしたのち、アメリカ流の経営工学を学んでブランドのM&A（買収・合併）を繰り返し一大ブランド帝国をつくりあげた。LVMHはルイ・ヴィトン、ディオール、ケンゾー、ロエベ、フェンディなどのファッション部門に加えて、香水、小売り、時計、ワイン・スピリッツなどの部門でも多くの有名ブランドを傘下に収めている。アルノーの野心は富裕層のライフスタイル全般にかかわるラグジュアリーブランドの再編・強化にあった。

アルノーが最初に買収したブランドがディオールだったことは興味深い。かつてクリスチャン・ディオールは繊維王マルセル・ブサックの支援をえてメゾンを立ち上げた経緯があり、オートクチュールの現代化・企業化に貢献したデザイナーだった。しかしディオールが没したのち会社は低迷し、親会社のブサックも往時の勢いを失ってしまった。ハイファッションのブランドはデザイナーの創造性やカリスマがあってこそ成立する。もちろん伝統や職人技術、イメージ戦略も重要だが、中心的なデザイナーの不在はブランドの輝きを往々にして鈍らせることになる。

アルノーは八五年にディオール買収に成功するが、彼の念頭にあったのは、カール・

ラガーフェルドによるシャネルの復活劇である。ラガーフェルドはガブリエル・シャネル亡きあと低迷していたブランドのプレタポルテ部門デザイナーとして起用されると、シャネルの人生や作品を徹底的に調べて、それを現代的なデザインへと再解釈し、マーケットにあわせたブランドイメージの若返りをはかった。彼は創業者のカリスマを失ったファッションハウスを現代に蘇生させる方法論を発明したのだ。

アルノーはディオールのデザイナーとして八九年にイタリア人のジャンフランコ・フェレを、九七年以降はイギリス人のジョン・ガリアーノを起用してブランドイメージを一新している。フランスの誇る老舗店を外国人に任せたことに批判的な意見もあったようだが、交代劇が功を奏したことによりその経営手腕はいっそう高く評価された。

ブランドアイデンティティを継承しながら、新しい才能によりデザインを刷新し、消費者にアピールするイメージ広告と主要都市に直営店を展開していく方法は、老舗ブランド再生の模範となり多くの成功例を生みだしていく。イタリアのブランド、グッチは九四年トム・フォードを起用してハイファッション界への復帰を果たし、同じくプラダもミウッチャ・プラダがディフュージョンラインのミュウミュウをたちあげるなど、シャネルやディオールの後を追っている。さらにグッチとプラダはＭ＆Ａによってほかのデザイナーブランドを買収してブランドグループを形成し、ＬＶＭＨの競合相手として名乗りをあげた。[3]

グローバルブランドの成功はファッションのリーダーシップがデザイナーではなく企

業へと移行したことを意味する。とりわけハイファッションの経営には資金がいる。服の素材や生産だけでなく、ブティックの運営、コレクション発表、雑誌や広告のメディア戦略など莫大な費用が必要であり、それを支えるのはいまや大企業なのである。彼らはビジネスの合理化をはかってコストやリスクをおさえつつ、華やかな宣伝広告を打つことで、世界中の市場に多様な商品を供給して利益を生みだしている。

これらのブランドにとってファッションデザインはマーケティング戦略の一部にすぎない。もともとロンドンで前衛的なデザイン活動をおこなっていたジョン・ガリアーノやアレクサンダー・マックイーンがLVMHグループに所属するディオールやジヴァンシーのデザイナーに任命されたのは、彼らの自由奔放なイマジネーションがブランドイメージの刷新に有効と見なされたためである。ハイファッションのデザイナーにとって関連するファッションビジネス（既製服、香水、バッグ、靴、小物など）を市場に売り込むためのイメージ戦略を担うことは重要な役割なのだ。その期待に応えることができなければ、彼らは容赦なく交替させられる。外部資本を導入した結果、新しい経営陣の判断により自分のブランドから追い出されるデザイナーも少なくない(4)。

グローバルブランドは華やかなコレクションやイメージ広告に反して、そのデザインはリアルクローズ志向である（図1）。これは現代社会を生きる女性たちが日常的に着ることができるように企画されているということだ。これらのブランドはバッグや靴など関連商品の利益も大きく、服だけが目立つ必要はない。デザインのアイデアも過去に流行したスタイルを再編集するなどした無難なものが多くなる。またグローバルブランドはコストを下げるために労働力の安い途上国に素材や縫製の生産拠点を移転するところも多く、あまり精巧なデザインができない事情もある。

アメリカのジャーナリスト、テリー・エイギンスは一九八〇〜九〇年代のファッション産業を分析して、アメリカの女性たちはもうパリモードのような豪華な服を必要としなくなっており、「ファッションの終焉」が到来したと述べている[5]。これはマーケティングを重視するアメリカのファッションビジネスの特徴を的確にいいあらわしているが、この国はもともと衣料の実用性を重視してきたため、こうした指摘はいささかピント外れに聞こえる。より問題なのはブランドビジネスの経営工学がパリやミラノ、そのほかの都市にも波及することで、服装文化の多様性が均質化されつつあるように見えることだ。

一九世紀以来、ファッションとブランドの関係は大衆消費社会とともに発展し、第二次大戦後には服以外の商品にもその範囲は及んでいく。グローバルブランドの出現はこうした歴史の流れからすればひとつの必然だったのかもしれない。

メゾン・マルタン・マルジェラ

グローバルブランドが世界を席巻する一方で、ビジネス優先のファッションに満足しない次世代デザイナーがアントワープやロンドンなどの都市から出現している。

なぜこれらの都市なのだろうか。ひとつにはパリ、ニューヨーク、ミラノのような中心地から離れており、ファッション産業の圧力がそれほど強くないので、デザイナーが独自の発想をはぐくむことができたからだろう（イギリスもベルギーも服飾産業や市場規模は仏伊にくらべてかなり小さい）。産業が大きいと、若者たちはその一部として吸収されてしまう。しかしファッションの周辺都市では進むべき方向をみずから開拓しなければならない。

ロンドンやアントワープでは専門学校だけでなく美術学校・大学が服飾教育を担っており、ファッションを技術面以外の視野からとらえる環境がある。とくに一九八〇年代以降はアントワープの王立美術アカデミー、ロンドンのセントラル・セント・マーチンズの卒業生が独創的な服づくりで注目された。これらの学校は技術の習得よりも個性的な発想の育成に重点がおかれていることで知られている。(6)

ファッション業界では服は商品であって芸術ではないという意見をよく耳にする。しかし王立アカデミーもセント・マーチンズも美術学校であり、商業的価値だけではない創造性を見出すことにむしろ積極的だった。

アントワープ王立美術アカデミーはコム・デ・ギャルソンら日本人デザイナーの活躍から影響を受けたという。(7)八〇年代、川久保、山本、三宅らによるファッションの挑戦は彼らにとっても衝撃であった。日本という「ファッション後進国」からやってきて、パリモードに異議申し立てをする姿には触発されるところが大きかった。アントワープはその精神を継承して、創造性を重視した教育に力を入れたのだった。日本の市場もアントワープ出身のデザイナーに早くから注目し、積極的に輸入してきたのである。日本はベルギーをいろんな意味で支えたのだ[8]。

この学校から巣立った人材としてサブカルチャーやポップをテーマにするウォルター・ヴァン・ベイレンドンク、ストリートから影響をうけたアン・ドゥムルメステール、民族衣装をエレガントなスタイルに高めたドリス・ヴァン・ノッテン、力強いメンズファッションで知られるダーク・ビッケンバーグなどがあげられる。彼らを第一世代として、アントワープはその後もラフ・シモンズ、オリヴィエ・ティスケンス、ヴェロニク・ブランキーノなど継続的に新しい才能を送りだしてきた[9]。彼らのなかにはデザイナーとして成功してからも、パリやミラノに本拠を移すことなくアントワープにとどまるものが少なくない。

卒業生のなかでもひときわ目立つのはマルタン・マルジェラだろう。

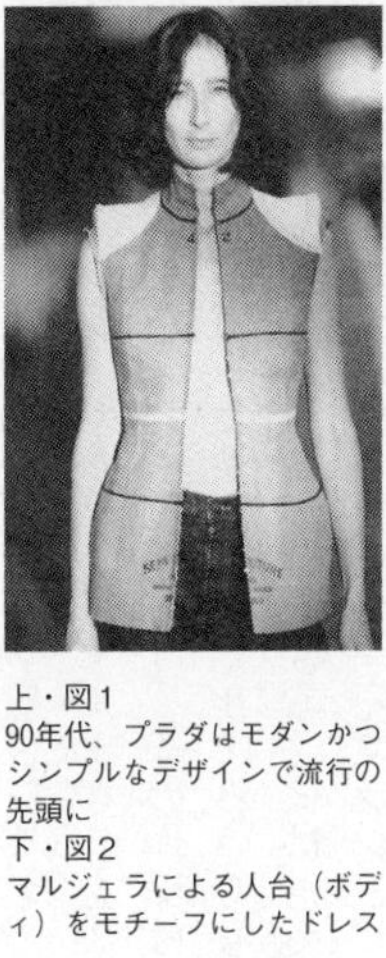

上・図1
90年代、プラダはモダンかつシンプルなデザインで流行の先頭に
下・図2
マルジェラによる人台（ボディ）をモチーフにしたドレス

一九五七年生まれのマルジェラは八〇年にアカデミーを卒業、ジャン・ポール・ゴルチエのアシスタントを経て、八八年にメゾン・マルタン・マルジェラを設立している。マルジェラは流行にたいして批判的なまなざしを投げかけ、その作風はアンチモードと呼ばれる。それは西洋服の構造を脱構築するような服づくりにおいても、消耗品ではない服のあり方を模索する価値観においても見ることができる。彼はたえず最新流行を発信するパリモード、デザイナーを偶像視することで成立するブランドビジネス、衣服を次々に使い捨てる消費社会から距離をおこうとしてきた。

マルタン・マルジェラはマスコミに露出することを極度に嫌い、自分の写真も公表しないし、メディアの単独インタビューも受けない。ジャーナリストからの質問状はファックスでのみ受けつける。送られてきた質問にはメゾン・マルタン・マルジェラ名義の返信がなされ、その人称は「私たち」という複数形が用いられる。ここにはマルジェラというひとりのデザイナーを特権化するのではなく、ひとつの制作集団として意思表示しようとする意図がある。ファッションデザインはひとりの人間がすべてを考え制作するのではなく、複数の人々の共同作業から生みだされる。マルジェラたちが目指しているのはデザイナーを頂点とした企業体というより、作り手たちが協働する工房のイメージである。

マルジェラは服の構成要素をひとつひとつ解体し、それを丹念に検討して、違和感が生まれるようなひねりを加えて作品をつくりだす。こうした脱構築的な手法はコム・

デ・ギャルソンとも共通するが、川久保が新しいコレクションを発表するなかで過去の自分さえも否定していくのにたいして、マルジェラはむしろ回帰的な時間の流れのなかで思考している。たとえば絶えず新作を発表するはずのコレクションで過去に発表したデザインをふたたび発表しているのも、ファッションは時代の最先端でなければならないという常識に反抗するためである。

　これまでも服をつくる布をおくための人台（ボディ）をドレスにしたり、サイズを二倍以上も拡大して身体の比率を攪乱したオーバーサイズのシャツなどを発表してきた（図2・3）。これらは女性たちの多様な個性や美しさを規格化・標準化している現代への批判であった。

　メゾン・マルジェラはコレクション会場や美術館において独自のプレゼンテーションをおこなってきた。職業モデルを使わず一般の人々に服を着せたり、モデルの顔に布を巻いたり、小規模な会場を選んだりするのも、彼らが商品を見せるよりも価値観を提示

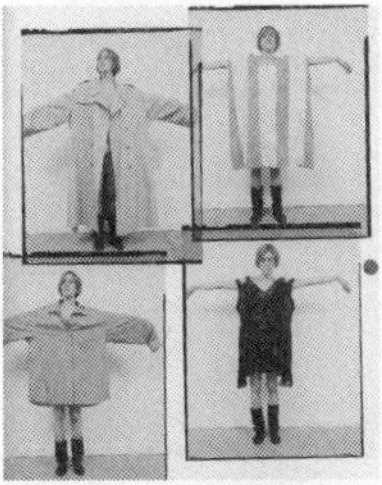

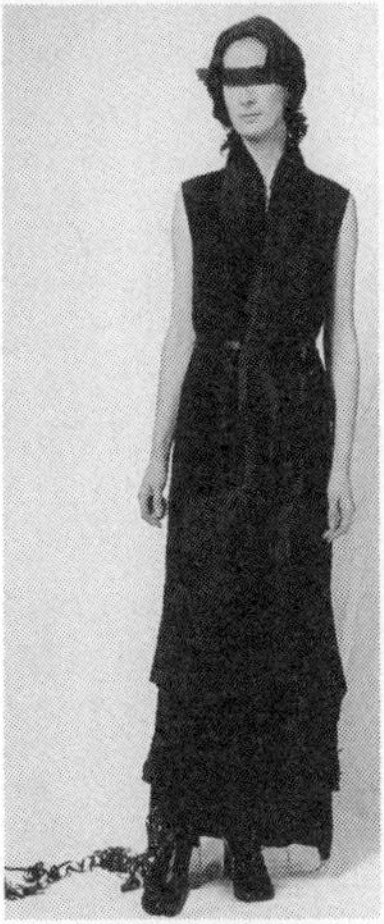

上・図3
服のサイズを拡大したファッション
下・図4
エレガントなマルジェラのファッション

することを重視しているからだ（図4）。九七年オランダのボイマンス・ヴァン・ベーニンゲン美術館で展覧会をしたときは、ドレスに菌類を植えつけて、展示期間中に増殖させていくという実験的なインスタレーションがおこなわれた（同じ作品が九九年京都国立近代美術館でも再現されている）。時間の経過とともに黒ずんだ模様が広がっていくこの作品は衣服における時間の隠喩であり、新しいものにのみ価値を見いだす近代社会にたいする批判となっている（図5）。衣服はつねに新しくあるわけではなく、時とともに古びたり消耗したりするものだ。このような展示は狭義のファッションデザインではなく、現代美術のプレゼンテーションに近い。

マルジェラのテーマカラーは白であり、白い服が定番となっている。スタッフも白い服を着ているし、ブティックの内装も白いペンキで塗られている。白は使われるうちに変色したり汚れたりして時間の経過を映しだす色である。新しさや清潔さを信仰する現代社会においては変色や汚れを肯定することはタブーであるが、彼らはそれをあえて選択する。

マルジェラのコレクションはときに奇をてらったものに見えるが、商品として身につけてみるとシンプルで力強いシルエットや入念につくられたハンドメイドの細部が感じられ、衣服として不自然なものではない。着物や民族衣装の発想を立体的な洋服に導入するフラット・ガーメント、日本の足袋《たび》に着想を得たタビ・シューズなど、西洋服の枠組みにとらわれないデザインを展開するが、それはワンシーズンだけの思いつきに終わらず、数年にわたって展開されることも多い。

マルジェラには複数の商品ラインがあり、番号別に特徴がわかれている。そのなかには比較的安価でシンプルなデザインのカジュアルウエアもある。またいくつかの商品は定番となり継続的に販売される。その一方で古着を解体して新たに再構成するコンセプトのアルティザナル・ラインもある（図6）。これはリサイクル品を集めて手仕事で縫製されるため、形が不均整だったりディテールが未完成だったりするうえ、手間もかかるのでクチュールに近いものである。このように多様なラインを展開していることは、マルジェラがただアンチモードを標榜《ひょうぼう》しているだけではないことを物語っている。

それはマルジェラが九八〜二〇〇三年までエルメスのオートクチュール部門のデザイナーを担当したことからも明らかだろう。エルメスはルイ・ヴィトンのようなブランドグループにこそ属していないが、パリモードを代表するブランドであることには変わり

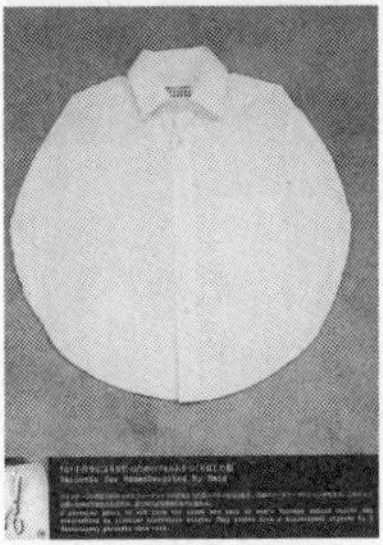

上・図5
服にかびを成長させるプロジェクト。古びていく衣服のメタファー
下・図6
手仕事を重視するアルティザナル・ライン

ない。両者は職人的なものづくりに共鳴しあったのだろう。マルジェラはファッション業界に背を向けるのではなく、手工業の伝統と現代のファッションを融合させた新しい地平を探っていこうとしているのである。

新しいリアリティを求めて

グローバルブランドが消費社会に存在感を増していく一方で、マルジェラはマーケティングに還元されることのないファッションの創造性を模索しようとする。このような衣服の本質に向かいあうことで、独自の表現をつくろうとするデザイナーが登場してきたのが九〇年代の特徴である。アントワープのデザイナーたちだけでなく、ニューヨークのスーザン・チャンチオロ、ロンドンのフセイン・チャラヤン、ジェシカ・オグデン、パリのマルク・ルビアンなどその数は少なくない。

彼らに共通するのは自分が知るだれかのための服づくりであったり、手仕事や工芸の価値を再発見したり、モダンデザインの発想を応用したり、身にまとうものとしての衣服を根本的に見つめようとする創作姿勢である。彼らの服は着まわしやすいというより、自分たちの現実から出発する衣服という意味において「リアルクロース」といいうる。

トレンドのなかで発想するのではなく、服と人間とのかかわりに繊細なまなざしを向けて、それをときに詩的な、ときに鮮烈な表現方法で示してみせる。アートの分野でもプライベートな日常性や過去の経験や記憶を手がかりに創作するアーティストが登場してくるが、そのような同時代の作家の視点や手法に近いものがある。(10) それはヴァネッサ・ビークロフト、ヴォルフガング・ティルマンス、やなぎみわのようにファッションの表現をアートに用いる現代美術作家の活動とも共振している。ファッションは階級、社会集団、世代、性別、個性を表現するが、時代によって強調される要素はさまざまだ。六〇年代以降は若い世代が中心となって服に強い個性を求める傾向があったが、それほど強さを期待する向きは少なくなっており、むしろ等身大の日常性が求められている。

以前にくらべて装飾的な要素や個性的なデザインが求められないからといって「ファッションが終わった」などというのは早計だろう。現在のグローバル資本主義のなかではファッション（＝流行）はむしろ不可欠な社会的現象となっているのだから。

マルジェラのアンチモードをほかのデザイナーとの差異化戦略と見なすこともできるし、またすべてを流行にしてしまう高度消費社会のまえにはアンチモードさえ記号にすぎないとする議論もある。しかし圧倒的なグローバル資本から距離をおき、しなやかな服づくりをおこなうファッションデザイナーたちの挑戦を軽視するべきではない。

二〇世紀は産業化と大衆化が進み、大衆消費社会が到来した時代である。その現実を前にしてファッションデザインはあるときは伝統を継承し、あるときは切断し、あるときは新しいものを発明し、時代にとってもっとも切実な課題を解決してきた。ファッションは量産と工芸、オリジナルとコピー、芸術と産業、社会と個性、西洋と東洋、グローバルとローカル……、たがいに両極端にある世界を往復しながら発達してきたのである。二一世紀を迎えてグローバルブランドが世界を席巻する一方で、ローカルな服づくりを重視するデザイナーが活動をはじめたことは、いかにも二〇世紀ファッションらしい現象なのかもしれない。

※注

(1) ジャン・ボードリヤール『シミュラークルとシミュレーション』法政大学出版会、一九八四年を参照。

(2) SPAとは「スペシャリティ・ストア・リテーラー・オブ・プライベート・レーベル・アパレル」の略で、もともとはアメリカの量販店ギャップが用いたという。生産から販売までを一貫して手がけるブランドのこと。繊研新聞社編集局『よくわかるアパレル業界』日本実業出版社、一九九九年、一六〜七頁を参照。

(3) ブランド・コングロマリットの興亡については、長沢伸也『ブランド帝国の素顔』日経ビジネス人文庫、二〇〇二年、山室一幸『ファッション：ブランド・ビジネス』朝日出版社、二〇〇二年などを参照。

(4) ジル・サンダーやヘルムート・ラングはプラダ・グループに加わってから、自分のブランドのデザイナーの地位を追われている。

(5) テリー・エイギンズ『ファッションデザイナー』文春文庫、二〇〇〇年を参照。

(6) マリー・クアント、フォール&タフィン、オジー・クラークなど六〇年代にロンドンで活躍したデザイナーの多くは美術大学出身であり、また七〇年代のマルコム・マクラレンはじめパンクの仕掛け人も美術学校出身者が多い。

(7) アントワープ王立アカデミーで教鞭をとっていたリンダ・ロッパほかの証言による。清水早苗・NHK番組制作班編『アンリミテッド　コムデギャルソン』平凡社、二〇〇五年を参照。

(8) Luc Derycke and Sandra van de Veire (eds.), "Belgian Fashion Design," Ghent-Amsterdam, Luidon, 1999, p. 303.

(9) Cf. Veerle Windels, "Young Belgian Fashion Designers," Ghent-Amsterdam, Luidon, 2001.

(10) 松井みどり『アート』朝日新聞社、二〇〇二年を参照。

※図版出典

1、Valerie Steele, "Fashion, Italian style," New Haven and London, Yale University Press, 2003.
2、Harold Koda, "Extreme Beauty," New York, Metropolitan Museum of Art, 2001.
3、Chris Townsend, "Rapture," London, Thames & Hudson, 2002.
4、Patricia Brattig, "femme fashion 1780-2004," Stuttgart, Arnoldsche, 2003.
5、Maison Martin Margiela, "Maison Martin Margiela: Street Special Edition," Paris: Maison Martin Margiela, 2000.
6、『流行通信』二〇〇二年六月号。

終章　二〇世紀ファッションの創造性

ファッションデザイナー

ここにとりあげたワースからマルジェラまでの一〇人から、二〇世紀ファッションについてどんなことが見えてくるだろうか。

彼らは時代を超越した作品をつくるような「芸術家」ではなかった。流行としてのファッションの生成には社会全体がかかわるものであり、彼らはそのなかで自分の役割を果たしてきた。デザイナーにとって重要な仕事とは、人々が直面している状況にどんな問題を見いだすのか、そしてそれにどんな解答を出すのかということである。コルセットを破棄したのも、機能的な服を着るようになったのも、ミニスカートをはいたのもデザイナーがすべてを発案したわけではなく、時代の趨勢の中で生まれてきたことなのだ。だからといって彼らはただ時代の要請にこたえた受け身なだけの存在ではない。たしかにデザインには時代の刻印が押されているものだし、その社会背景と切り離して考えるのはむつかしい。しかし優れたデザイナーには同時代の同業者にはない独創性や社会状況に還元されることのないスタイルがはっきりとある。さきほど「芸術家」ではないといったが、それは美術館やギャラリーで鑑賞する作品を制作するのではないという意味で、からだにまとわれ日常生活を彩る作品をつくると考えるなら、やはり彼らは芸術家＝アーティストと呼ばれるにふさわしいと私には思われる。

ファッションデザインは一九世紀に誕生し、二〇世紀に急成長した造形の分野である。それより以前、服飾において権威や個性を表現することは王侯貴族のみがおこなえる特権であって、それ以外の人々は所属集団に同一化するような外見をむしろ尊重していた。しかし古い支配階級にかわって新興富裕層が台頭すると、服装による表現を考える職業＝ファッションデザイナーが求められることになる。

もちろん服をつくる職業は古来よりあった。簡単な服なら比較的容易につくることができたし、近年まで自家縫製は一般的におこなわれている。しかし美しさや機能性をもつ服飾をつくるにはそれなりの技能を修得しなければならない。そんな服づくりの技術を身につけた人がドレスメーカーであった。ベティ・カークによると、このことばは現在では「お針子」のことをさしているが、かつては服づくりのすべてのプロセス――デザインから裁断、縫製、微調整、完成にいたるまで――をマスターした人のことをさしたという[1]。この仕事は仕立屋に奉公することでキャリアを積んでいくものであった。ドレスメーカーは基本的に職人であり、伝統のなかで修得した技術を発揮する職業である。

しかし近代社会の生産・消費システムのなかで服飾も次々に新しく意匠を更新していかなければならなくなる。ドレスメーカーのように職人的な伝統にとどまっていては変化に対応できず、また手仕事が中心では多くの注文に応じることもできない。そこでデザインのアイデアを発想する仕事＝ファッションデザイナーが登場するのである（実際にはファッションデザイナーとドレスメーカーの仕事はそんなに明確に分かれているわけではなく、ここでの使い分けも便宜的なものである）(2)。

ファッションデザイナーはドレスメーキングの工房を近代的な組織へと発展させた。工房ではアイデアを考える作業も手を使う作業も同じ人間がおこなうが、機械による量産がはじまると、デザイナーはアイデアに専念し、スタッフがその実現を手助けするというように分業化される。もともと工房は集団作業の場所であり、近代的なシステムを取りいれるのは容易であった。さらにポワレのように服以外の領域にも事業を拡張し、イラストや写真を使ったメディア戦略や仮装パーティなどのイベントを展開するものも出てくる。メゾン＝ファッションハウスとはデザイナーのアイデアを形にし、素材の調達から生産、販売、広告までの作業を手がける工房／工場なのである。

やがてファッションデザインはたんに服をつくることではなく、新しいライフスタイルについてのアイデアを考え、それを服飾をとおして発信する仕事になっていく。作品にはデザイナーの価値観が反映されている。華麗なる装飾による豪奢さや祝祭的な世界であったり、シンプルなモダニズムによる上品さや活動的な女性像であったり、スポーティなデザインによる若々しい躍動感にあふれる生き方であったり、あるときは社会規範を挑発し破壊しようとする精神であったり、その内容はさまざまだ。

一〇人のファッションデザイナーはその世界観と作品の力強さによって、旧弊な価値観に挑戦し、新たなスタンダードを確立していったのである。

ファッションと消費社会

ファッションデザインは量産システムと結びつくことで、消費社会の発展に大きな役割を果たしてきた。

これはジーンズなどのマスファッションならいざ知らず、高価な素材や巧みな手仕事で知られているオートクチュールには当てはまらないようにも思われる。しかし、すでに見たようにワースはミシンを導入し、モデルの提示による注文生産をおこなうなど、服づくりの合理化・量産化に積極的に取り組んでいた。彼は工業化先進国イギリスの出身であり、ドレスメーカーとしての修業をしてこなかったので、より柔軟な発想で服づくりに取り組むことができたのである（ポワレ、スキャパレッリ、ディオール、クアント、ウエストウッド、川久保らも服飾制作の正規の専門教育は受けていない）。

ちなみにファッションデザイナーは当然英語圏のことばで、フランスではクチュリエ／クチュリエール、ないしスティリストといわれる。クチュリエはドレスメーカーに近く、スティリストはファッションデザイナーに近いニュアンスのようである。前者が後者よりも高いステイタスをもっていたのはフランスでは機械による量産品にたいする抵抗がより強かったためだ。

だがハイファッションもまた近代における量産のシステムとは無縁ではなかった。時代が進むにつれてハイファッションのなかでも機械による量産の比重が高まっていく。そう考えると、オートクチュールのなかにすでにプレタポルテは懐胎されていたのである。

またパリモードが早い段階からアメリカの市場と結びついていくことにも注目したい。アメリカは一九世紀より急速に豊かになり、大量生産をベースにした大衆消費社会を実現させていく。新大陸の新興富裕層はヨーロッパの上流階級に憧れ、パリモードを求めたので、アメリカの服飾産業は多くのコピーを生産した。他方、ワースはアメリカの百貨店に輸出用モデルを販売していたし、ポワレも結果的にはうまくいかなかったがライセンスビジネスを展開するべく奔走している。第二次大戦後、スキャパレッリやディオールは現地での既製服生産を実現させた。

二〇世紀初頭、欧州は米国の大衆消費文化に深い感銘を受けている。デザインとしても実用性や機能性などマスファッションの要素を取り込んでいくことでパリモードも新しい時代の要請に応えていこうとしている。スキャパレッリにとってアメリカでの生活体験は人生の大きな転機となった。

一方のアメリカの服飾産業はパリモードを戦略的に利用してきており、そのカリスマを維持しようとつとめてきた。シャネルやディオールの仕事を本国以上に評価することで、世界に普及させる一助をになったのはニューヨークのファッションジャーナリズムであった。二〇世紀がパリモード中心主義を再生産し続けたのはアメリカの意向も大きかったのである。

ファッションは量産システムを通して広く普及し、大衆消費社会の原動力となっていく。これは一方で人々をその身体ぐるみで消費社会のリズムのなかに組み込んでいくことになった。服だけでなくあらゆるものが資本のサイクルのなかに置かれている現在、その外部の世界を考えることさえむつかしくなっている。産業界はレイモンド・ローウィなどのインダストリアルデザイナーにまだ使用できる耐久財を再デザインさせて新たな需要を喚起したが、それは年二回新作発表をおこなうファッション産業を参考にしたのであった。

他方でそれは外見の民主化と個性化をもたらした。最新流行は上流階級だけがまとうことのできる特権ではなく、一般大衆にも手の届くものとなった。またひとつのデザインからさまざまなレベルで複製品がつくられたので、オリジナルでなくともそれに近い安価な商品もいくらでも供給された。

二〇世紀はおしゃれの民主化が急速に進む。もはや外見だけではその人がどんな社会階層に属するのか、見分けることは困難となっている。ファッションは外見における社会的ヒエラルキーを打ち壊したのであった（それが実際の社会的な格差の変動と対応していたかどうかはまた別の問題であるが）。

しかしそれは同時に外見の画一化をもたらした。ファッションは好むと好まざるとにかかわらず身体を均質なスタイルに押し込めるところがある。個性を求めて服を買ったつもりがだれかと同じになってしまう。二〇世紀前半にファッションのモダニズムが確立していったとすると（その到達点がミニスカートだった）、後半にモダニズムへの批判や破壊が試みられることになるのは、そうした画一化に反抗する意識が生まれたためだ。とくにウエストウッドやコム・デ・ギャルソンは量産にもとづく近代＝モダンにたいする批評や差異化としてのファッションとみなすことができる。

オリジナルとコピー

ファッションデザインは量産のために複製されるものであり、当初からオリジナルとコピーの問題がつきものであった。

ファッションブランドの偽造品は現在もなお横行しているが、これは一九世紀から連綿と続いてきたことである。デザイン盗用自体はワースの時代にもおこなわれていたし、ポワレはアメリカで自分のドレスの模倣商品が氾濫していることに驚いて反対運動を組織化する。もともとデザインは複製可能のうえに成立している文化である以上、これは不可避なことであった。

デザインはひとつの設計プランから複数の商品を量産することで成り立つ。そこに一点制作が基本の工芸や美術との大きな違いがある。すなわち、そのプランやアイデアこそがデザインにとってのオリジナルなのである。オリジナルは観念のなかにしか存在しない。それにもとづいて生産されるものはコピーであり、その意味でデザインはすべてがコピーとなる。

ファッションデザインもまたオリジナルなきコピーである。ボードリヤールいうところのシミュラークルは産業社会がデザインを量産しはじめたときからすでに生まれていた。ブランドが懸命に偽造商品を取り締まろうとするのは本物の領域を偽物が侵犯していくからではなく、本来デザインには「コピー」しかないことが明らかになるのを恐れていたからだ。

ファッションブランドは自らの商品に本物＝正統性という付加価値を与えなければならない。それは大きくいって素材や品質が優れていること、そしてデザインに創造性があることのふたつである。それらなくしては彼らのつくる服は大量生産のプロダクトとなんら変わりのないものとなる。

ワースはウージェニー皇妃の御用達ドレスメーカーとなることで、王室の保証という正統性を獲得した。その後は芸術家として自己を再定義することで、自らがカリスマとなっていく。ポワレは貴族やブルジョワの権威を借りるよりも、有名人やメディアを巻きこむことで商品を差異化していった。彼は芸術家と交流し舞台芸術にかかわるなどの活動を通してファッションを芸術的な領域として確立する。それは量産される商品に明確なアイデンティティを与えた。ウエストウッドも批判的な形ではあるがメディアを有効に利用したデザイナーだ。

シャネルは自らがカリスマになったデザイナーである。彼女は貴族や上流階級、芸術家と交流しながらビジネスを成功させ、新しい時代を生きる女性たちの必要をいち早く察知してデザインを発表してきた。彼女はポワレやスキャパレッリとは異なり、芸術から離れて実用性や機能性を重視した服づくりを目指したが、それはモダンデザイン運動の方向性と同じものであった。

ファッションデザイナーは同時代の芸術やデザインから大いに刺激を受け、かつ与えている。とくに二〇世紀前半は、芸術とデザインは現在よりももっと接近しており、同じアーティストが絵を描き、デザインをするのは珍しいことではなかった。生活空間を総合的に刷新しようとした芸術デザイン運動の担い手たちは両方の分野にまたがって創作をしている。ファッションデザイナーも服飾の領域を芸術に近づけることによって、ただの衣服から差異化をはかろうとする意識が働いていたのである。

二〇世紀後半になると、アートとデザインははっきりと分化し、それぞれの分野のなかに閉じこもってしまう。いまではアートに近いようなデザインは商業的な観点から非現実的だと否定的に評価されることが多い。しかしウエストウッド、コム・デ・ギャルソン、マルジェラは現代美術に見られるような社会批評性を取りいれて、デザインへと転化していく活動を活発にしてきた。それは規範から逸脱する力をファッションに付与することでもある。またマルジェラは独創的なアイデアをもつ作家を頂点とする近代のデザイナーシステムを批判し、かつての工房をモデルにしたものづくりを実践する。もっともこうした既成のファッションシステムにたいする反抗もブランドの差異化戦略となってしまうところが、資本主義の底知れないところである。

身体を造形する

新しい挑戦をしようとするデザイナーたちは文化の動きを敏感に察知し、ほかの領域の作り手たちと問題意識を同じくすることが多い。それゆえ、彼らは意識的にせよ無意識的にせよ、デザインやアートと共振する作品をつくってきたのである。服づくりもまた同時代の造形芸術とまったく無関係ではない。

しかし服づくりの本領はからだに布地を被覆することを通して、身体を取りまく空間を造形することにある。どんなテキスタイルを使うか、どのように平面の布を立体に組み立てるのか、どんな装飾をほどこすのか、人体の動きにどう添うのか、どんな外見を与えるのか、こうしたすべてのプロセスに創造性が込められている。それを通して、ファッションは着る人のからだやアイデンティティに大きな影響を与えていくのだ。

二〇世紀ファッションを見ていくと、身体像がどのように変遷していったのか、ひとつの流れが見えてくる。

造形的に見ると、二〇世紀初頭のファッションにおこった変化はとくに大きい。コルセットやクリノリン、バッスルをつけて構築した装飾的身体は、補整具を捨てた活動的身体へと変貌をとげる。砂時計形やS字カーブから直線的でストレートなラインへ。一九二〇～三〇年代にはほぼ現在の服装と同じレベルにまで装飾が捨象され、シルエットも簡略化される。ハイファッションの基本はこの時期までにほぼ定まったといっていい（マスファッションの領域ではリーヴァイスのジーンズ501が一九世紀中にすでに完成されていたが）。

このことをもって、ファッションが二〇世紀の肉体を解放したといえるのだろうか。その答えはそう単純ではない。

一九二〇年代は活動的で若い身体が浮上した時期であった。女性たちがスポーツをしたりダイエットに励んだり、美容整形をしたりして、スリムなからだになろうとしたのがこの時期だ。逆に考えると、外側から強制的に身体を成形するのではなく、内側から身体そのものを自己管理するという意識の変化がおこったわけである。砂時計の身体像はただ流行遅れになってしまったのである。

さらに、この時代は大量生産が本格化し、補整着が発達した時代でもある。衣服を工場で量産するための型紙の標準化、構造の簡素化、装飾・副資材の最小化なども進行していく。既製服化もまた身体を機能的にしていったのである。パリモード以外の場所では女性服の合理化はすでに既定路線であった。たしかに二〇世紀ファッションは肉体にかける負担を逓減《ていげん》させていったし、活動的に動くことができるようになった。既製服は服装のヒエラルキーを崩したが、その一方で外見の画一化をもたらしている。二〇世紀の後半以降はパンクやボロルックなどの標準化されたモダニズムを批判し、身体や衣服の可能性を再発見するようなデザインが登場するようになっている。また装飾や手仕事を重視する人々もずっと活動してきている。

山崎正和は人間には装飾への欲望とデザインへの意思という相矛盾する根源的な衝動があることに注目する。前者は人間が世界とつながるための作法であり、後者は逆に人間が世界を支配するための技術であり、これらふたつは太古から連綿と続いてきた営為なのだという。(3) 二〇世紀のモダンデザインは前者を抑圧し、後者に加担することでひとつの理念型をつくりあげてきた。ロースやコルビュジエは装飾への欲望を断ち切り、無装飾なデザインの道へと進むことで新時代の建築、ひいては造形芸術の将来を描こうとした。ファッションも身体を抽象化しようとするデザインの意思、モダニズムの思想を共有してきた。同時代のアートやデザインと同じく、純粋なフォルムを求めようとする企図がそこには込められている。

優れたファッションデザインは私たちの身体のもつ潜在的な力に気づかせ、引き出してくれるものである。二〇世紀の身体が受けた大きな影響はそこにあった。それは合理性や機能性だけでなく、装飾性や批評性や、さまざまな力となってきた。この多様性を生みだすことこそがファッション文化のもっとも重要な役割なのではないだろうか。

装飾もデザインも人間が世界とかかわるための根源的な技術であり、ファッションにはその両方が深くかかわっている。衣服が人間と社会をつなぐ媒体＝メディアである以上、それはただからだを保護する布切れの集まりではなく、自己とはなんなのか、社会とどうかかわっていくのかを考えるための道具なのだ。二一世紀ファッションがこの先どんな方向に進んでいくことになろうと、人間の欲望や意志をもっとも雄弁に物語る表現手段であり続けることは確かである。

※注

(1) ベティ・カーク『ヴィオネ』求龍堂、一九九一年、二六〜八頁。

(2) 両者とも服をつくるということでは同じゴールに向かっており、そのふたつには重なるところが多い。マドレーヌ・ヴィオネのようにドレスメーカーでありかつクリエイターでもある人もいれば、既成の型をなぞるだけで格別な新しさを追求しないファッションデザイナーも多い。ヴィオネはドレスメーカーを自称して、デッサンしか描かず、自分で布地をあつかわないデザイナーと一緒にされることを嫌った。

(3) 山崎正和『装飾とデザイン』中央公論新社、二〇〇七年を参照。

あとがき

いまからもう一〇年以上も前になるが、九〇年代初めにコム・デ・ギャルソンのコレクションを見る機会があった。

そのころコム・デ・ギャルソンはまだ東京でもショーをしており、場所はたしか外苑前の特設会場だったと思う。場内には張りつめた空気が満ちていた。たまたま招待状を入手することができた私は伝説的なブランドのコレクションということでコンサートを見るような気分で席についたのである。

しかし照明が暗転し、眼前に展開した光景はそんな私の気分など軽く吹き飛ばすものであった。

それはデザイナーが既成の衣服の文法を切り裂きながら、まったく新しい美学を追求しようとする創造の現場とでもいおうか。そのファッションには絶対的な美しさを生みだそうとする強い意志がみなぎっていた。美しさといってもありがちな華やかなドレスなどではなく、見るものの無意識を揺さぶり価値観に挑みかかる強度のようなものであった。

当時はDCブームが終わってストリートファッション全盛期であり、欧米のグローバルブランドが大きく躍進する時期である。リアルクローズといえば聞こえはいいが既成価値によりかかったような服、ブランドのもとで思考を放棄する人々の安易な姿勢が巷《ちまた》にあふれていた。そんな状況への憤りが作品には込められていた。アーミー調と異素材を組み合わせたデザインには湾岸戦争への反発が表明されており、ファッションをとおした社会への異議申し立てが読みとれた。

それはどんな芸術体験にも劣らない大きな感動を私にもたらした。震撼《しんかん》したといってもいいすぎではない。ファッションにどんなことができるのか、その無限の可能性、ファッションが人々の価値観に大きな影響を及ぼす文化であることにはじめて気づいたのである。コム・デ・ギャルソンのコレクションを実見したのはその前後数回限りだが、私のファッションにたいする見方は大きく変わった。それをなんとかことばにしたいという思いが、今になってみると本書の出発点といえるのかもしれない。

コム・デ・ギャルソンや三宅一生らはようやくそれにふさわしい対応を受けるようになっている。だが多くのファッションデザイナーたちの仕事はまだきちんと評価されていない。なにより一般にはファッションなど表面的で、浮ついた流行にすぎないとの誤解も根強い（そのようなものが圧倒的に多いことは否定しないが）。ファッション産業からも服はデザイナーの表現手段ではなく消費者を満足させる商品であればよいという声をよく聞く。しかし本当にそれだけでいいのだろうか。

さらに危惧するのは若者たちが先人の仕事の奥深さを知ろうともせず、その一部しか見ていないことである。服飾の世界で働いていこうとする学生でさえ、ファッションはこんなものという狭い思い込みに終始して、過去を学ぼうとしないようだ。少なくともファッション文化にかかわっていく気持ちがあるなら、二〇世紀ファッションがなにをなし遂げてきたのか知らねばならない。

本書の背景にはそのような状況への思いがある。服飾史を概説的に記述するのではなく、デザイナーの創造性に光をあてたのはそのこともあった。読者がファッション文化の深さに触れ、その意義に少しでも気づくことができたとき、本書の目的は達成されることになるだろう。

このささやかな本によって、あのコレクションとの出会いにかなうことができたとは思わない。創作する側とことばにする側の超えがたい距離をどう縮めていくのか、それを今後の課題として肝に銘じたい。

本書を書くにあたって多くの方々からご助力いただいた。とりわけ京都芸術センターの雑誌『diatxt.』編集長森口まどかさん、編集者村松美賀子さんには本書の骨子となった連載（二〇〇三年四月～二〇〇五年九月）で大変お世話になった。お二人に発表の機会を与えていただき、批判と助言をいただかなければこの本が生まれることはなかっただろう。単行本にするにあたっては大幅に加筆修正をほどこし、新たに章も加えたが、本書の着想はすべて連載の段階にあったものである。

神戸ファッション美術館では特別に収蔵されている服を手にとって拝見させていただいた。実物を見ることではじめて腑《ふ》に落ちることも多く、それを文章に反映させることができたのは幸運であった。

また本書の内容は京都造形芸術大学、同志社女子大学、成安造形大学でおこなってきた講義とともに発展してきた。授業で話すことで自分がどれほど無知であるのか思い知らされることが多々あり、さらに深く調べていくきっかけとなった。授業に参加して忌《き》憚《たん》のない意見をことばや態度で示してくれた学生たちにも感謝したい。

文章の一部は雑誌や書籍、研究会などで発表してきたものにもとづいている。ここにいちいち名前を挙げることはしないが、機会を与えてくださった編集担当者、有意義なコメントをいただいた研究会参加者の方々にお礼を申しあげる。

河出書房新社の東條律子さんはなかなか仕事をしない著者を巧みに舵取りして、このような立派な本に仕上げて下さった。内容面にも適切なアドバイスをいただき、予想以上のものになったのは東條さんのおかげである。

最後に私事で恐縮だが、私の両親、成実茂・美智子に感謝の念を捧げることをお許し願いたい。長年の間、見守り支えてくれたことに、この場を借りてお礼を申しあげる次第である。

二〇〇七年九月

成実弘至

文庫あとがき

つねに進歩に価値をおくのがモダン（近現代）という時代の特徴であり、たえず現在を更新するのが流行の本質である以上、ファッションを取り巻く状況はいまも目まぐるしく変化している。本書の元になっている単行本が出てからもさまざまな出来事がおこった。本書執筆の意図や経緯は単行本あとがきを読んでいただくとして、ここでは二一世紀の流れを簡単に見ておこう。

一九九〇年代以降のソ連の解体、中国の市場経済への転換、アジアや南米の新興国の経済成長により、資本主義、新自由主義は地球規模に拡張し、その勢いにのってグローバルブランドはさらなる発展を遂げてきた。

二一世紀もっとも成長めざましかったのは、ファストファッションといわれる大衆向けアパレルブランドである。スペインのザラ、スウェーデンのH&M、日本のユニクロ、アメリカのギャップなどが代表であるが、グローバルな衣服の生産・流通網を構築し、短期間でファッションの勢力図を塗り替えてしまった。かれらの安価な衣服を迅速に市場に届けるシステムは、これまでの産業の仕組みをあっという間に時代遅れなものにしたのである。

ハイファッションの分野では、LVMHやケリングなどの企業グループが業界の主導権を掌握し、ファッションビジネスのマネーゲーム化を加速させた。資金背景の乏しい独立系デザイナーは独力でビジネスを続けるのが厳しくなり、外部資本に頼ったり、表舞台から姿を消すことも珍しくなくなった。実際、マルタン・マルジェラは二〇〇八年イタリア企業に経営を譲渡し、自らの会社を去っている。前衛的なセクシュアリティ表現で一世を風靡したジャン゠ポール・ゴルチエも二〇二〇年引退を表明した。

優れた若手はラグジュアリーブランドの「クリエイティブ・ディレクター」に起用されることが出世の常道となったが、多くの資金やスタッフを与えられる代わりに、コレクションやビジネスの成否への責任を担わされ、大きなプレッシャーにさらされることになる。既成の女性像を破壊するショッキングかつスペクタクルなコレクションで高く評価されたアレキサンダー・マックイーンはジバンシィなどで活躍し、自分のブランドを立ち上げたが、仕事の重圧や母の死などから精神的に追いつめられ、二〇一〇年に自ら命を絶った。

二〇一一年、長年ディオールのクリエイティブ・ディレクターを務めたジョン・ガリアーノは酩酊して公衆の面前で反ユダヤ発言をした罪状で告訴され、会社とファッション業界から追放された。彼の弁護士は「仕事のストレスと複数の依存症」が原因だったと弁明している。その後、ガリアーノはマルジェラ本人の抜けたメゾン・マルジェラに迎えられ、デザイナーとして一定の成果をあげ、見事にカムバックを果たした。しかし、奔放なイメージ創造が本領の彼がマルジェラのモード批評精神の継承者たりうるかどうかというと、いささか疑わしいものがある。

マックイーンやガリアーノ以降、経営側もあまりに個性的なクリエイターよりは、手堅くブランドをまとめるデザイナーを重用するようになっている。現在、ファッションデザイナーが自由な創造性によって世界に羽ばたくことはかなり難しい時代となったのである。

二〇二〇年、世界を席巻したコロナ禍は、ファッション界にも大きな打撃となった。アメリカでは名門百貨店やアパレルが次々に倒産、日本ではかつて時代をリードしたレナウンが経営破綻の憂き目にあっている。パリでは高田賢三が感染症の犠牲となり、華やかなりしプレタポルテの時代が遠くなったことを印象づけた（同じくプレタをリードしたサンローラン、ソニア・リキエル、カール・ラガーフェルド、山本寛斎らもこの一〇年ほどの間に鬼籍に入った）。ファッションが大きな転換期に入っていることに疑いを挟む余地はまずないだろう。

二〇世紀ファッションは、一九世紀に懐胎していた。一方には卓越性を志向する宮廷型消費によるフランスのオートクチュールがあり、もう一方には模倣を原理とするマスマーケットを支えたアメリカの既製服があり、両者は大量生産によって形成された大衆社会において結びつき、二度の世界戦争を経て、絡みあいながら成長してきたのである。

一九世紀のブルジョワ社会は第一次世界大戦によって終わったと言われる。総力戦は否応なしに階級差を縮め、女性の社会進出を促してモダンファッションが生まれ、シャネルの台頭を準備した。第一次大戦が終わったのは一九一八年だが、その約一〇〇年後に発生したパンデミックが二一世紀ファッションの幕を開けることになるのだろうか。

おそらく歴史はそう単純に推移するものではないだろうが、現在、グローバルブランドはハイファッションもマスファッションも環境問題、人権問題、地域文化の保全といった社会的課題の前にたたずんでいる。これらは現代ファッションの成り立ちとは根本的に矛盾する命題なのだが、世界が経済成長至上主義から次の局面を模索しはじめている以上、取り組まざるをえないのだ。これらの問題を解決する試みの中から、グローバルブランドを超える動きが出てくるのかもしれない。二一世紀ファッションの方向は、これまでのファッションの軌跡を学ぶことから見えてくる。

今回の文庫化にあたって本文にほとんど手を加えていない。それは二〇世紀ファッションの創造者について私の見方が基本的には変わっていないからである。この機会に再読して改めて確認したのは、本書がいかに多くの先人の貴重な研究や知見にもとづいているか、ということであった。なかでも大きな影響を受けてきた鷲田清一先生に解説をお願いしたところ、快く引き受けて下さった。長年ご著作から学ばせていただいてきた身としては、この上なく光栄なことである。

二〇二〇年一一月

成実弘至

解説　「状況をつくりだす」デザイン

鷲田清一

ファッション関係には哲学科を卒業した人がときどきいる。ファッションデザインではmatohuの堀畑裕之さん。カントで論文を書いて大学院を出た。ファッション評論では成実弘至さん。彼はヒュームで論文を書いて大学院の修士課程を修了した。二人ともわたしとおなじ哲学科出身ということで、発想の仕方に通じるところがあるのか、会っていると話がはずむ。話があちこちに飛んでも、ばらばらな感じがしない。でもなぜか哲学の話にはならない。たぶん、一見ばらばらに見えるものごとを繋いでゆくこと、そのことを愉しんでいるからだろう。

成実さんにはじめてお目にかかったのは四半世紀ほど前。当時はPARCO出版の「アクロス」編集部におられた。ストリートファッションについていろいろ教えてもらった。つい原理論に走ってしまうわたしに欠けているもの、たとえば路上の観察、資料の綿密な収集といったものに長けておられた。雑誌「アクロス」が当時展開していた定点観測は、わたしにとっては大事な教材の一つだった。

ファッションについていくつかの本を書いたあとで阪神・淡路大震災が起こった。それを機に、少し前から大阪大学で準備を始めていた《臨床哲学》のプロジェクトの準備を一気に加速させたため、当時取り組んでいたファッション関連のプロジェクトに割ける時間が十分にとれなくなっていた。そこで、このプロジェクト——ランドスケープならぬ〝ボディスケープ〟の変容として戦後50年の身体史を解読するプロジェクト——に成実さんに加わってもらったのが、彼との協同作業の最初である。ほぼ同時に、ファッションを服飾の枠から外し、一つの文化の出来事として捉えるためのガイドブックの作成にも協力をお願いし、留学先のロンドンから20項目ほどの原稿を送ってもらった。おかげで、前者は《ワコール50年史》の第3分冊『からだ文化』（深井晃子さんとの共監修、ワコール、一九九九年）として、後者は『ファッション学のすべて』（鷲田清一編、新書館、一九九八年）として刊行することができた。

成実さんの観察や資料収集の仕事に舌を巻いていたわたしは、うかつにも、当時、彼がジョアン・フィンケルシュタインの *After a Fashion*（邦題は『ファッションの文化社会学』）の翻訳に取り組んでおられたことを知らなかった。成実さんはその頃からすでに、ファッションを社会現象として捉える作業の基盤を理論的に固めようとしていた。そしてそれを彼なりのスタイルで結実させたのが、本書『20世紀ファッション』（原題は『20世紀ファッションの文化史』）である。

さて、20世紀ファッション史を論じるこの書物、代表として召喚された10人のその選び方が秀逸である。20世紀ファッション史といえば、パリを舞台に活躍したワース、ポワレ、シャネル、スキャパレッリまでは定番だが、ここではあとはディオールだけ。それもライセンスビジネスというマーケティング戦略の視点から。ド・ジヴァンシーもカルダンもアルマーニも脇に置かれる。逆にそれぞれ一章を充てられているのは、クレア・マッカーデル（米国）、マリー・クアント（英国）、ヴィヴィアン・ウエストウッド（英国）、コム・デ・ギャルソン（日本）、マルタン・マルジェラ（ベルギー）。グローバルな消費社会におけるファッションデザインの震源が多中心的に取りだされる。米国の資本主義と大衆社会、英国のストリート、反逆のデザイン行為、モードからドロップアウトするモードという逆説などの文脈をそこに挿し込んでゆくのは、次のような視点である。

「デザイナーにとって重要な仕事とは、人々が直面している状況にどんな問題を見いだすのか、そしてそれにどんな解答を出すのかということである」

こういうかたちでのファッションデザインの時代への関与、これは（成実さんがどうも気に入っているらしいシチュアシオニストの言葉でいえば）「状況の構築」ということである。いうまでもなく時代へのこうした介入は一筋縄でゆくものではない。時代への批評行為もあれば、逆に時代に深く添い寝するものもある。体を張った異議申し立て、アナーキーな反抗もあれば、消費社会のなかで人びとをセルフイメージの空虚な漂流へとうながすだけに終わるものもある。前衛もパンクもかんたんに商品として消費されることは成実さんがくりかえし強調するところだ。

20世紀のファッション史を《文化史》として捉えようという成実さんの試みの根底に

あるのは、いわば鵺《ぬえ》のようなそうしたファッションの両義性の視点であろう。ファッションはつねに矛盾する二つの契機に引き裂かれているという視点といってもいい。芸術と職人技、アヴァンギャルドと市場、シンプルと装飾、記号と体感、異性愛と同性愛、時代のアイコンとボディスケープ……。それらのあいだで不断に試みられる構築と解体の歴史。それはおそらく、身体という次元におけるデモクラシーの闘争史でもある。成実さんが、淡々とした叙述のあいだにふとため息をつくかのように、「しかし、この復活劇には決定的に「歴史的深さ」が欠けていた」といった文章を挟み込んだりするのも、そうした理由からだろう。

【参考文献】

第1章

青木英夫・飯塚信雄『西洋服装文化史』松澤書店、一九五七年
天野知香『装飾／芸術』ブリュッケ、二〇〇一年
ロザリンド・H・ウィリアムズ『夢の消費革命』（吉田典子・田村真理訳）工作舎、一九九六年
ソースティン・ヴェブレン『有閑階級の理論』（高哲男訳）ちくま学芸文庫、一九九八年
河野健二編『フランス・ブルジョア社会の成立』岩波書店、一九七七年
鹿島茂『デパートを発明した夫婦』講談社現代新書、一九九一年
鹿島茂『怪帝ナポレオンⅢ世』講談社、二〇〇四年
柏木博『ファッションの20世紀』日本放送出版協会、一九九八年
川村由仁夜『「パリ」の仕組み』日本経済新聞社、二〇〇四年
北山晴一『おしゃれの社会史』朝日新聞社、一九九一年
窪田般彌『皇妃ウージェニー』白水社、二〇〇五年
福井憲彦『ヨーロッパ近代の社会史』岩波書店、二〇〇五年
フロイト『エロス論集』（中山元編訳）ちくま学芸文庫、一九九七年
フィリップ・ペロー『衣服のアルケオロジー』（大矢タカヤス訳）文化出版局、一九八五年
ヴァルター・ベンヤミン『パッサージュ論Ⅰ　パリの原風景』（今村仁司他訳）岩波書店、一九九三年
グラント・マクラッケン『文化と消費とシンボルと』（小池和子訳）勁草書房、一九九〇年
山田登世子『ブランドの世紀』マガジンハウス、二〇〇〇年
山田登世子『ブランドの条件』岩波書店、二〇〇六年
Christopher Breward, "The Culture of Fashion," Manchester and New York, Manchester University Press, 1995.
Elizabeth Ann Coleman, "The Opulent Era," New York, Thames and Hudson, 1989.
Diana De Marly, "The History of Haute Couture," New York, Holmes and Meier, 1980.
Diana De Marly, "Worth," New York, Holmes and Meier, 1990.
Daniel Roche, "The Culture of Clothing," Cambridge, Cambridge University Press, 1994.
Nancy J. Troy, "Couture Culture," Cambridge and London, The MIT Press, 2003.
Valerie Steele, "Paris Fashion," New York, Berg, 1998.

第2章
荒俣宏『天使のワードローブ』みき書房、一九九五年
荒俣宏『流線型の女神』星雲社、一九九八年
ソースティン・ヴェブレン『有閑階級の理論』（高哲男訳）ちくま学芸文庫、一九九八年
海野弘『モダン・デザイン全史』美術出版社、二〇〇二年
モードリス・エクスタインズ『春の祭典』（金利光訳）TBSブリタニカ、一九九一年
エドワード・W・サイード『オリエンタリズム』（今沢紀子訳）平凡社ライブラリー、一九九三年
鈴木晶『踊る世紀』新書館、一九九四年
永井隆則編著『越境する造形』晃洋書房、二〇〇三年
クリスティアン・ブラントシュテッター『クリムトとモード』（村上能成訳）求龍堂、一九九八年
フランソワ・ボド『ポワレ』（貴田奈津子訳）光琳社出版、一九九七年
アン・ホランダー『性とスーツ』（中野香織訳）白水社、一九九七年
ポール・ポワレ『ポール・ポワレの革命』（能澤慧子訳）文化出版局、一九八二年
John Carl Flügel, "The Psychology of Clothes," London, Hogarth Press, 1930.
Alice Mackrell, "Paul Poiret," London, B. T. Batsford, 1990.
Nancy J. Troy, "Couture Culture," Cambridge and London, The MIT Press, 2003.
Valerie Steele, "The Corset: A Cultural History," New Haven and London, Yale University Press, 2001.
Palmer White, "Poiret," New York, Clarkson N. Potter, 1973.
Peter Wollen, "Raiding the Icebox," London and New York, Verso, 1993.
Peter Wollen, 'Addressing the Century,' in "Addressing the Century," London, Heyward Gallery, 1998, pp. 7-18.
"Poiret," New York: Rizzoli, 1979.

第3章
生田耕作『ダンディズム』中公文庫、一九九九年
石井達朗『男装論』青弓社、一九九四年
海野弘『ココ・シャネルの星座』中公文庫、一九九二年
スティーヴン・カーン『時間の文化史』（浅野敏夫訳）法政大学出版局、一九九三年
桜井哲夫『戦争の世紀』平凡社新書、一九九九年
エドモンド・シャルル＝ルー『シャネル ザ・ファッション』（榊原晃三訳）新潮社、一九八〇年
エドモンド・シャルル・ルー『シャネルの生涯とその時代〈普及版〉』（秦早穂子訳）鎌倉書房、一九九〇年

田中純『残像のなかの建築』未来社、一九九五年
常松洋『大衆消費社会の登場』山川出版社、一九九七年
カレル・チャペック『ロボット』(千野栄一訳) 岩波書店、一九八九年
成実弘至「ガブリエル・シャネル」、大野木啓人・井上雅人編『デザインの瞬間』角川書店、二〇〇三年、二九六〜三〇二頁
秦早穂子『シャネル 20世紀のスタイル』文化出版局、一九九〇年
ロラン・バルト『テクスト理論の愉しみ』(野村正人訳) みすず書房、二〇〇六年
平芳裕子「名称としての『シャネル・スーツ』」『服飾美学』第三六号、二〇〇三年、四七〜六二頁
ノルベルト・フーゼ『ル・コルビュジエ』(安松孝訳) パルコ美術新書、一九九五年
ヴァルター・ベンヤミン『ベンヤミン・コレクションI』(浅井健二郎他訳) ちくま学芸文庫、一九九五年
アン・ホランダー『性とスーツ』(中野香織訳) 白水社、一九九七年
ポール・モラン『獅子座の女シャネル』(秦早穂子訳) 文化出版局、一九七七年
山口昌子『シャネルの真実』人文書院、二〇〇二年
ル・コルビュジエ『建築をめざして』(吉阪隆正訳) 鹿島出版会、一九六七年
アドルフ・ロース『装飾と罪悪』(伊東哲夫訳) 中央公論美術出版、一九八七年
Rhonda K. Garelick, 'The Layered Look,' in Susan Fillin-Yeh (ed.), “Dandies,” New York, New York University Press, 2001, pp. 35-58.
Joe Lucchesi, 'Dandy in Me,' in Susan Fillin-Yeh (ed.), “Dandies,” New York, New York University Press, 2001, pp. 153-84.
Alice Mackrell, “Coco Chanel,” London: B. T. Batsford, 1992.
Valerie Steele, 'Chanel in Context,' in Juliet Ash & Elizabeth Wilson (eds.), “Chic Thrills,” London, Pandora, 1992, pp. 118-26.
Nancy J. Troy, “Couture Culture,” Cambridge and London, The MIT Press, 2003.
Peter Wollen, “Raiding the Icebox”, London and New York, Verso, 1993.

第4章

有賀夏紀『アメリカの20世紀 上』中公新書、二〇〇二年
巖谷國士『シュルレアリスムとは何か』メタローグ、一九九六年
海野弘『ロシア・アヴァンギャルドのデザイン』新曜社、二〇〇〇年
海野弘『モダン・デザイン全史』美術出版社、二〇〇二年

深井晃子『ファッションの世紀』平凡社、二〇〇五年
クリスティアン・ブラントシュテッター『クリムトとモード』（村上能成訳）求龍堂、一九九八年
フランソワ・ボド『スキャパレリ』（貴田奈津子訳）光琳社出版、一九九七年
パルマー・ホワイト『スキャパレッリ』（久保木泰夫編）パルコ出版、一九九四年
エドワード・ルーシー＝スミス『一九三〇年代の美術』（多木浩二・持田季未子訳）岩波書店、一九八七年
ワタリウム美術館編『ロトチェンコの実験室』新潮社、一九九五年
Dilys E. Blum, "Shocking!," New Haven and London, The Yale University Press, 2004.
Elsa Schiaparelli, "Shocking Life," London, V&A Publications, 2007.
Valerie Steele, "Women of Fashion," New York, Rizzoli, 1991.
Radu Stern, "Against Fashion," Cambridge and London, The MIT Press, 2004.
Elizabeth Wilson and Lou Taylor, "Through the Looking Glass," London, BBC Books, 1989.
Peter Wollen, 'Addressing the Century,' in "Addressing the Century," London, Heyward Gallery, 1998, pp.7-18.

第5章
有賀夏紀『アメリカの20世紀　上下』中公新書、二〇〇二年
スチュアート&エリザベス・イーウェン『欲望と消費』（小沢瑞穂訳）晶文社、一九八八年
生井英考「機械時代の美学とレトリック」『美術手帖』、一九九七年四月号、四六～五九頁
出石尚三『完本ブルー・ジーンズ』新潮社、一九九九年
海野弘『ダイエットの歴史』新書館、一九九八年
奥出直人『トランスナショナル・アメリカ』岩波書店、一九九一年
奥出直人『アメリカン・ポップ・エステティクス』青土社、二〇〇二年
暇島康子『既製服の時代』家政教育社、一九八八年
柏木博『ユートピアの夢』未来社、一九九三年
アントニオ・グラムシ『アメリカニズムとフォーディズム』（東京グラムシ会『獄中ノート研究会』訳）いりす、二〇〇六年
エド・クレイ『リーバイス』（喜多迅鷹・喜多元子訳）草思社、一九八一年
小幡江里編集『シネマファッション』芳賀書店、一九九三年
常松洋『大衆消費社会の登場』山川出版社、一九九七年
常松洋・松本悠子編『消費とアメリカ社会』山川出版社、二〇〇五年
ジェシカ・デーヴス『アメリカ婦人既製服の奇跡』（坂隆博訳）ニットファッション、一九六九年

レイ・バチェラー『フォーディズム』（楠井敏朗・大橋陽訳）日本経済評論社、一九九八年
ダニエル・J・ブアスティン『アメリカ人』（新川健三郎・木原武一訳）河出書房新社、一九七六年
ジョン・ヘスケット『インダストリアル・デザインの歴史』（榮久庵祥二・GK研究所訳）晶文社、一九八五年
三井徹『ジーンズ物語』講談社現代新書、一九九〇年
Caroline Rennolds Milbank, "New York Fashion," New York, Harry N Abrams, 1989.
Valerie Steele, "Women of Fashion," New York, Rizzoli, 1991.
Kohle Yohannan and Nancy Nolf, "Claire McCardell," New York, Harry N Abrams, 1998.
Patricia Campbell Warner, 'The Americanization of Fashion: Sportswear, the Movies and the 1930s,' in Linda Welters and Patricia A. Cunnigham (eds.), "Twentieth-Century American Fashion," Oxford and New York, Berg, 2005, pp. 79-98.
Sandra Stansbery Buckland, 'Promoting American Designers, 1940-44: Building Our Own Home,' in Linda Welters and Patricia A. Cunnigham (eds.), "Twentieth-Century American Fashion," Oxford and New York, Berg, 2005, pp. 99-122.
Regine Van Damme, "Jeans," London, Puffin, 1995.
Linda Welters and Patricia A. Cunnigham (eds.), "Twentieth-Century American Fashion," Oxford and New York, Berg, 2005.
Peter Wollen, "Raiding the Icebox," London and New York, Verso, 1993.

第6章

ブリジット・キーナン『クリスチャン・ディオール』（金子桂子訳）文化出版局、一九八三年
北山晴一・酒井豊子『現代モード論』日本放送出版協会、二〇〇〇年
杉野芳子『ディオール』日本書房、一九五九年
ペニー・スパーク『20世紀デザイン』トーソー出版、二〇〇〇年
クリスチャン・ディオール『私は流行をつくる』（朝吹登水子訳）新潮社、一九五三年
深井晃子『パリ・コレクション』講談社現代新書、一九九三年
マリー＝フランス・ポシュナ『クリスチャン・ディオール』（高橋洋一訳）講談社、一九九七年
マックス・ホルクハイマー、テオドール・W・アドルノ『啓蒙の弁証法』（徳永恂訳）岩波書店、一九九〇年
松原隆一郎『消費資本主義のゆくえ』ちくま新書、二〇〇〇年
三井秀樹『オーガニック・デザイン』平凡社、二〇〇三年
ディヴィッド・リースマン『孤独な群衆』（加藤秀俊訳）みすず書房、一九六四年
「チャールズ&レイ・イームズ The Work of Charles And Ray Eames 日本語版カタログ」読売新聞大阪本社、一九九四年

"A New Look at 1947: Dior and the Edingburgh Festival," Edinburgh, Talbot Rice Gallery, 1997.
Nigel Cawthorne, "The New Look," New Jersey, The Wellfleet Press, 1996.
Diana De Marly, "Christian Dior," London, Batsford, 1990.
Thomas Hine, "Populuxe," New York, MJB Books, 1986.
Lesley Jackson, "The New Look; Design in the Fifties," New York, Thames and Hudson, 1991.
Angela Partington, 'Popular Fashion and Working-Class Affluence,' in Juliet Ash and Elizabeth Wilson (eds.), "Chic Thrills," London, Pandora, 1992, pp. 145-61.
Marianne Thesander, "Feminine Ideal," London, Reaktion Books, 1997.
Lou Taylor, 'Paris Couture 1940-1944,' in Juliet Ash and Elizabeth Wilson (eds.), "Chic Thrills," London, Pandora, 1992, pp. 127-44.
Elizabeth Wilson and Lou Taylor, "Through the Looking Glass," London, BBC Books, 1989.

第7章

アクロス編集室編『ストリートファッション 1945-1995』パルコ出版、一九九五年
天野正子・桜井厚『「モノと女」の戦後史』有信堂高文社、一九九二年
出石尚三「ミニスカートの5年間」『アメリカンカルチャー2』三省堂、一九八一年、一二一～四頁
大内順子・田島由利子『20世紀日本のファッション』源流社、一九九六年
川本恵子『ファッション主義』筑摩書房、一九八六年
マリー・クワント『マリー・クワント自伝』（藤原美智子訳）鎌倉書房、一九六九年
ジョン・サベージ『イギリス「族」物語』（岡崎真理訳）毎日新聞社、一九九九年
千村典生『戦後ファッションストーリー』平凡社、一九八九年
ギー・ドゥボール『スペクタクルの社会』（木下誠訳）平凡社、一九九三年
長澤均『BIBAスウィンギン・ロンドン 1965-1974』ブルース・インターアクションズ、二〇〇六年
林邦雄『ファッションの現代史』冬樹社、一九六九年
日向あき子『視覚文化』紀伊國屋書店、一九七八年
ピエール・ブルデュー『社会学の社会学』（田原音和監訳）藤原書店、一九九一年
ジャン・ボードリヤール『消費社会の神話と構造』（今村仁司・塚原史訳）紀伊國屋書店、一九七九年
テッド・ポレマス『ストリートスタイル』（福田美環子訳）シンコー・ミュージック、一九九五年
キャサリン・マクダーモット『モダン・デザインのすべて　A to Z』（木下哲夫訳）スカイドア、一九九六年
マーシャル・マクルーハン、『メディア論』（栗原裕・河本仲聖訳）みすず書房、一九八七年

E・ルモワーヌ＝ルッチオーニ『衣服の精神分析』（鷲田清一・柏木治訳）産業図書、一九九三年
鷲田清一『皮膚へ』思潮社、一九九九年
Christopher Breward, David Gilbert and Jenny Lister, "Swinging Sixties," London, V & A Publications, 2006.
Christopher Breward, "Fashioning London," Oxford and New York, Berg, 2004.
Christopher Breward, Edwina Ehrman and Caroline Evans, "The London Look," New Haven, Yale University Press, 2004.
Marnie Fogg, "Boutique," London, Mitchell Beazley, 2003.
Valerie Guillaume, "Courrèges," London, Thames and Hudson, 1998.
Shawn Levy, "Ready, Steady, GO!," New York, Doubleday, 2002.
Valerie Steele, "Women of Fashion," New York, Rizzoli, 1991.
Hilary Radner, 'On the Move,' in Stella Bruzzi and Pamela Church Gibson (eds.), "Fashion Cultures," London, Routledge, 2000.

第8章

海野弘『モダン・デザイン全史』美術出版社、二〇〇二年
マテイ・カリネスク『モダンの五つの顔』（富山英俊・栂正行訳）せりか書房、一九八九年
ジョン・サヴェージ『イングランズ・ドリーミング』（水上はるこ訳）シンコー・ミュージック、一九九五年
ジョン・サベージ『イギリス「族」物語』（岡崎真理訳）毎日新聞社、一九九九年
スーザン・ソンタグ『反解釈』（高橋康也他訳）ちくま学芸文庫、一九九六年
ギー・ドゥボール『スペクタクルの社会』（木下誠訳）平凡社、一九九三年
ギー・ドゥボール『スペクタクルの社会についての注解』（木下誠訳）現代思潮新社、二〇〇〇年
ジェフリー・A・トラクテンバーク『ラルフ・ローレン物語』（片岡みい子訳）集英社、一九九〇年
長澤均『パスト・フューチュラマ』フィルムアート社、二〇〇〇年
ロラン・バルト『神話作用』（篠沢秀夫訳）現代思潮社、一九六七年
ディック・ヘブディジ『サブカルチャー』（山口淑子訳）未来社、一九八六年
ジョン・ライドン『STILL A PUNK ジョン・ライドン自伝』（竹林正子訳）ロッキング・オン、一九九四年
Sean Connolly, "Vivienne Westwood," Oxford, Heinemann, 2002.
Kevin Davey, "English Imaginaries," London, Lawrence & Wishart, 1999.
Max Décharné, "King's Road," London, Weidenfeld & Nicolson, 2005.
Dick Hebdige, "Subculture," London and New York, Routledge, 1979.
Jane Mulvagh, "Vivienne Westwood: An Unfashionable Life," London, HarperCollins, 1998.

Museum of London, "Vivienne Westwood, A London Fashion," London, Philip Wilson, 2000.
Paul Stolper and Andrew Wilson, "No Future," London, The Hospital, 2004.
Fred Vermorel, "Fashion & Perversity: A Life of Vivienne Westwood and the sixtied laid bare," London, Bloomsbury, 1996.
Claire Wilcox, "Vivienne Westwood", London, V & A Publications, 2004.
Peter Wollen, "Raiding the Icebox," London and New York, Verso, 1993.

第9章

アクロス編集室編・著『パルコの宣伝戦略』パルコ出版、一九八四年
アクロス編集室編『ストリートファッション 1945-1995』パルコ出版、一九九五年
柏木博『ファッションの20世紀』日本放送出版協会、一九九八年
川久保玲監修『Comme des Garçons』筑摩書房、一九八六年
フランス・グラン『COMME des GARÇONS』（高橋洋一訳）光琳社出版、一九九八年
リンダ・ゴッビ他『ブーム』（鵜沢隆他訳）鹿島出版会、一九九三年
ジョン・サッカラ編『モダニズム以降のデザイン』（奥出直人他訳）鹿島出版会、一九九一年
フレドリック・ジェイムソン『カルチュラル・ターン』（合庭惇他訳）作品社、二〇〇六年
清水早苗・NHK番組制作班編『アンリミテッド　コムデギャルソン』平凡社、二〇〇五年
デイアン・スージック『カルト・ヒーロー』（小沢瑞穂訳）晶文社、一九九〇年
ディヤン・スジック『川久保玲とコムデギャルソン』（生駒芳子訳）マガジンハウス、一九九一年
ペニー・スパーク『20世紀デザイン』トーソー出版、二〇〇〇年
成実弘至「川久保玲」、大野木啓人・井上雅人編『デザインの瞬間』角川書店、二〇〇三年、四〇六〜一五頁
ハル・フォスター編『反美学』（室井尚・吉岡洋訳）勁草書房、一九八七年
福原義春・山本耀司『壊すこと、創ること』求龍堂、一九九七年
ジム・マグウィガン『モダニティとポストモダン文化』（村上恭子訳）彩流社、二〇〇〇年
三島彰編『モード・ジャポネを対話する』フジテレビ出版、一九八八年
南谷えり子『ザ・スタディ・オブ・コム　デ　ギャルソン』リトルモア、二〇〇四年
アドリアーナ・ムラッサーノ『モードの王国』（堤佐武郎・長手喜典訳）文化出版局、一九八四年
安原顕「コム・デ・ギャルソンの川久保玲さんに聞く」『季刊リュミエール　第一号』一九九五年、一二八〜九頁
J＝F・リオタール『ポスト・モダンの条件』（小林康夫訳）書肆風の薔薇、一九八六年
鷲田清一『ひとはなぜ服を着るのか』日本放送出版協会、一九九八年

「Comme des Garçons 1975-82」コム・デ・ギャルソン、一九八二年
「Six」コム・デ・ギャルソン、一九八八〜九一年
Leonard Koren, "New Fashion Japan," Tokyo, Kodansha, 1984.
Dorinne Kondo, "About Face," New York and London, Routledge, 1997.
Colin Mcdowell, "Jean Paul Gaultier," London, Cassell, 2000.
Patricia Mears, 'Fraying the Edges: Fashion and Deconstruction,' in Brooke Hodge (ed.), "Skin+Bones," New York, Thames & Hudson, 2006, pp. 30-7.

第10章
ベルナール・アルノー、イヴ・メサロヴィッチ『ベルナール・アルノー、語る』（杉美春訳）日経ＢＰ社、二〇〇三年
テリー・エイギンズ『ファッションデザイナー』（安原和見訳）文春文庫、二〇〇〇年
大島幸治『ファッション・クリエイションのひみつ』東京堂書店、二〇〇五年
ナオミ・クライン『ブランドなんか、いらない』（松島聖子訳）はまの出版、二〇〇一年
清水早苗・ＮＨＫ番組制作班編『アンリミテッド　コムデギャルソン』平凡社、二〇〇五年
繊研新聞社編集局『よくわかるアパレル業界』日本実業出版社、一九九九年
長沢伸也『ブランド帝国の素顔』日経ビジネス人文庫、二〇〇二年
スザンナ・フランケル『ヴィジョナリーズ』（浅倉協子他訳）ブルース・インターアクションズ、二〇〇五年
ジャン・ボードリヤール『シミュラークルとシミュレーション』（竹原あき子訳）法政大学出版会、一九八四年
松井みどり『アート』朝日出版社、二〇〇二年
山室一幸『ファッション：ブランド・ビジネス』朝日出版社、二〇〇二年
Luc Derycke and Sandra van de Veire (eds.), "Belgian Fashion Design," Ghent-Amsterdam, Luidon, 1999.
Maison Martin Margiela, "Maison Martin Margiela: Street Special Edition," Paris: Maison Martin Margiela, 2000.
Veerle Windels, "Young Belgian Fashion Designers," Ghent-Amsterdam, Luidon, 2001.

終章
ベティ・カーク『ヴィオネ』（東海晴美編）求龍堂、一九九一年
柏木博『モダンデザイン批判』岩波書店、二〇〇二年
能澤慧子『二十世紀モード』講談社新書メチエ、一九九四年
山崎正和『装飾とデザイン』中央公論社新社、二〇〇七年

本書は二〇〇七年十一月、単行本として小社より刊行された『20世紀ファッションの文化史——時代をつくった10人』を改題し、加筆修正したものです。

20世紀《せいき》ファッション
時代《じだい》をつくった10人《にん》

二〇二一年一月一〇日　初版印刷
二〇二一年一月二〇日　初版発行

著　者　成実《なるみ》弘至《ひろし》
発行者　小野寺優
発行所　株式会社河出書房新社
〒一五一－〇〇五一
東京都渋谷区千駄ヶ谷二－三二－二
電話〇三－三四〇四－八六一一（編集）
〇三－三四〇四－一二〇一（営業）
http://www.kawade.co.jp/

ロゴ・表紙デザイン　粟津潔
本文フォーマット　佐々木暁
本文組版　KAWADE DTP WORKS
印刷・製本　中央精版印刷株式会社

Printed in Japan　ISBN978-4-309-41791-2

服は何故音楽を必要とするのか?

菊地成孔　41192-7

パリ、ミラノ、トウキョウのファッション・ショーを、各メゾンのショーで流れる音楽＝「ウォーキング・ミュージック」の観点から構造分析する、まったく新しいファッション批評。文庫化に際し増補。

アァルトの椅子と小さな家

堀井和子　41241-2

コルビュジェの家を訪ねてスイスへ。暮らしに溶け込むデザインを探して北欧へ。家庭的な味と雰囲気を求めてフランス田舎町へ——イラスト、写真も手がける人気の著者の、旅のスタイルが満載！

デザインのめざめ

原研哉　41267-2

デザインの最も大きな力は目覚めさせる力である——。日常のなかのふとした瞬間に潜む「デザインという考え方」を、ていねいに掬ったエッセイたち。日本を代表するグラフィックデザイナーによる好著。

女の子は本当にピンクが好きなのか

堀越英美　41713-4

どうしてピンクを好きになる女の子が多いのか？　一方で「女の子＝ピンク」に居心地の悪さを感じるのはなぜ？　子供服から映画まで国内外の女児文化を徹底的に洗いだし、ピンクへの思いこみをときほぐす。

スカートの下の劇場

上野千鶴子　41681-6

なぜ性器を隠すのか？　女はいかなる基準でパンティを選ぶのか？——女と男の非対称性に深く立ち入って、下着を通したセクシュアリティの文明史をあざやかに描ききり、大反響を呼んだ名著。新装版。

日本の伝統美を訪ねて

白洲正子　40968-9

工芸、日本人のこころ、十一面観音、着物、骨董、髪、西行と芭蕉、弱法師、能、日本人の美意識、言葉の命……をめぐる名手たちとの対話。さまざまな日本の美しさを探る。

謎解きモナ・リザ　見方の極意　名画の理由

西岡文彦　41441-6

未完のモナ・リザの謎解きを通して、あなたも“画家の眼”になれる究極の名画鑑賞術。愛人の美少年により売り渡されていたなど驚きの新事実も満載。「たけしの新・世界七不思議大百科」でも紹介の決定版！

謎解き印象派　見方の極意　光と色彩の秘密

西岡文彦　41454-6

モネのタッチは“よだれの跡”、ルノワールの色彩は“腐敗した肉”…今や名画の代表である印象派は、なぜ当時、ヘタで下品に見えたのか？　究極の鑑賞術で印象派のすべてがわかる決定版。

謎解きゴッホ

西岡文彦　41475-1

わずか十年の画家人生で、描いた絵は二千点以上。生前に売れたのは一点のみ……当時黙殺された不遇の作品が今日なぜ名画になったのか？　画期的鑑賞術で現代絵画の創始者としてのゴッホに迫る決定版！

絵とは何か

坂崎乙郎　41191-0

「人間の一生は、一回かぎりのものである。その一生を『想像力』にぶちこめたら、こんな幸福な生き方はない。絵とは人生そのものなのだ」——絵を前にした人へ、著者自ら原点に立ち戻り綴った名エッセイ。

澁澤龍彥　西欧芸術論集成　上

澁澤龍彥　41011-1

ルネサンスのボッティチェリからギュスターヴ・モローなどの象徴主義、クリムトなどの世紀末芸術を経て、澁澤龍彥の本領である二十世紀シュルレアリスムに至る西欧芸術論を一挙に収録した集成。

澁澤龍彥　西欧芸術論集成　下

澁澤龍彥　41012-8

上巻に引き続き、シュルレアリスムのベルメールとデルヴォーから始まり、ダリ、ピカソを経て現代へ。その他、エロティシズムなどテーマ系エッセイも掲載。文庫未収録作品も幅広く収録した文庫オリジナル版。

正直

松浦弥太郎　41545-1

成功の反対は、失敗ではなく何もしないこと。前「暮しの手帖」編集長が四十九歳を迎え自ら編集長を辞し新天地に向かう最中に綴った自叙伝的ベストセラーエッセイ。あたたかな人生の教科書。

ニューヨークより不思議

四方田犬彦　41386-0

1987年と2015年、27年の時を経たニューヨークへの旅。どこにも帰属できない者たちが集まる都市の歓喜と幻滅。みずみずしさと情動にあふれた文体でつづる長編エッセイ。

HOSONO百景

細野晴臣　中矢俊一郎〔編〕　41564-2

沖縄、ＬＡ、ロンドン、パリ、東京、フクシマ。世界各地の人や音、訪れたことなきあこがれの楽園。記憶の糸が道しるべ、ちょっと変わった世界旅行記。新規語りおろしも入ってついに文庫化！

ポップ中毒者の手記（約10年分）

川勝正幸　41194-1

昨年、急逝したポップ・カルチャーの牽引者の全貌を刻印する主著３冊を没後一年めに文庫化。86年から96年までのコラムを集成した本書は「渋谷系」生成の現場をとらえる稀有の名著。解説・小泉今日子

ポップ中毒者の手記２（その後の約5年分）

川勝正幸　41203-0

川勝正幸のライフワーク「ポップ中毒者」第二弾。一九九七年から二〇〇一年までのカルチャーコラムを集成。時代をつくりだした類例なき異才だけが書けた時代の証言。解説対談・横山剣×下井草秀

21世紀のポップ中毒者

川勝正幸　41217-7

９・11以降、二〇〇〇年代を覆った閉塞感の中で、パリやバンコクへと飛び、国内では菊地成孔のジャズや宮藤官九郎のドラマを追い続けたポップ中毒者シリーズ最終作。